Stimmen zu vorherigen Auflagen:

„Christoph Ludewig hat sorgfältig alles zusammengetragen und mundgerecht aufbereitet, was man als Anfänger wissen muß, wenn man mit dem Gedanken spielt, ein Business im Internet aufzuziehen. (...) Wer eine gute Geschäftsidee fürs Internet hat, kann sich also jetzt nicht mehr mit dem Argument vor der Realisierung drücken, er wisse nicht, wie man das Ganze organisieren soll. Bei Ludewig steht's."

wisu – das wirtschaftsstudium 11/99

„Wer wissen will, wie man im Internet Geld verdienen kann, sei es als Selbständiger oder als kleines und mittleres Unternehmen, findet in diesem Buch den passenden Ratgeber."

Moderne Metalltechnik 4/01

„Na bitte, es geht doch: Man kann Bücher über Internet-Themen verfassen, ohne die Hälfte des zur Verfügung stehenden Umfangs für einen historischen Abriss (...) zu verschwenden. Und dieser positive erste Eindruck von „Existenzgründung im Internet – Auf- und Ausbau eines erfolgreichen Online-Shops" setzt sich im wesentlichen fort."

screen Business online 11/99

„Die Konzentration auf das Wesentliche, vermittelt in kurzer Zeit viele grundlegende Informationen."

IT-Business Magazin 01/00

„Ob staatliche Fördermittel oder Venture Capital, die einschlägigen Möglichkeiten werden aufgeführt und machen das Buch zu einer wertvollen Investition."

business USER, 2/2000

Christoph Ludewig

Existenzgründung IT

Selbstständigkeit für IT-Professionals –
Alles was Sie wissen müssen

3., vollständig überarbeitete Auflage

Bibliografische Information Der Deutschen Bibliothek
Die Deutsche Bibliothek verzeichnet diese Publikation in der Deutschen Nationalbibliografie;
detaillierte bibliografische Daten sind im Internet über <http://dnb.ddb.de> abrufbar.

1. Auflage August 1999
2. Auflage April 2000
3., vollständig überarbeitete Auflage Dezember 2003

Die ersten beiden Auflagen erschienen unter dem Titel „Existenzgründung im Internet"

Alle Rechte vorbehalten
© Friedr. Vieweg & Sohn Verlag/GWV Fachverlage GmbH, Wiesbaden 2003

Lektorat: Reinald Klockenbusch

Der Vieweg Verlag ist ein Unternehmen von Springer Science+Business Media.
www.vieweg-it.de

Konzeption und Layout des Umschlags: Ulrike Weigel, www.CorporateDesignGroup.de
Umschlagbild: Nina Faber de.sign, Wiesbaden

ISBN-13: 978-3-528-25712-5   e-ISBN-13: 978-3-322-85071-3
DOI: 10.1007/978-3-322-85071-3

Vorwort

Es ist unbestritten, dass die Kommerzialisierung des Internets und die Technologieentwicklungen der letzten Jahre, die so genannte Neue Ökonomie, einen massiven Wandel in der Unternehmenslandschaft verursacht haben. Kein Unternehmen kann diese Entwicklung ignorieren.

Aber nicht nur dort, auch in der Politik, sei es Wirtschafts-, Arbeits- oder Sozialpolitik, ist dieser Wandel spürbar. Die politischen Entscheider haben erkannt, dass durch die Digitale Ökonomie ein neues Zeitalter eingeläutet wurde. Mit entsprechenden Maßnahmen wird auch nach dem Ende des Internet-Hypes versucht, diesem Umstand Rechnung zu tragen. Denn ohne Existenzgründungen wird der Wirtschaft das Fundament entzogen. Aus den Existenzgründngen von heute werden die Mittelständler von morgen.

Die massivsten Auswirkungen hatte die New Economy aber auf die Kapitalmärkte. Unzählige Börsengänge mit fabelhaften Kursentwicklungen demonstrierten dieses anschaulich. Solche Kursentwicklungen kann es aber nur geben, wenn Kapitalgeber bereit sind, ihr Geld in Form von Aktien oder Anteilen in diese Unternehmen zu investieren, also wenn sie an die Business Pläne der Unternehmen glauben.

Der Rest der Geschichte ist bekannt: Nach der Euphorie kam die Ernüchterung.

Hier setzt das Buch an. Die Rahmenbedingungen für eine Existenzgründung im IT-Bereich sind nach wie vor sehr gut, sie sind, trotz eines gesamtwirtschaftlich nur mäßigen Wachstums, sogar noch besser geworden: die technologische Entwicklung und Innovationsrate schreitet weiter voran, die finanzielle Unterstützung der Politik ist noch intensiver geworden, der Arbeitsmarkt ist übersät mit jungen, motivierten und sehr gut ausgebildeten Arbeitskräften, das publizierte Know-how ist via Internet sekundenschnell abrufbar und die Öffentlichkeit wartet auf Erfolgsstorys.

Dieses Buch möchte Ihnen helfen und Sie durch zahlreiche Beispiele motivieren, Ihre Ideen und Träume auch zu verwirklichen. Eine Existenzgründung, sofern sie solide geplant und umgesetzt wird, ist heute deutlich weniger riskant als noch vor einigen Jahren: Sie bekommen so viel Unterstützung, dass Sie auswählen können, welche Form der Unterstützung – finanziell, beratungstechnisch, wirtschaftlich oder rechtlich – am besten für Sie geeignet ist.

Als Grundlage wird in diesem Buch zunächst ein Überblick über die Auswirkungen des Internet-Hypes gegeben. Dabei wird auch auf die New Economy und ihre Folgen eingegangen und erläutert, welcher Zukunft die IT-Branche entgegensieht. In den folgenden Ausführungen zur Selbstständigkeit wird neben politischen und gesetzlichen Rahmenbedingungen auch beschrieben, welche Möglichkeiten Sie als IT-Professional haben. Dazu gehören auch die Möglichkeiten, die Ihnen das Internet bietet.

Der darauf folgende Abschnitt befasst sich mit der Existenzgründung an sich und den zu erwartenden Problemen, die bei einer Existenzgründung auftreten können. Es wird dargelegt, welche rechtlichen und organisatorischen Besonderheiten bei einer Existenzgründung im Allgemeinen und bei einer Gründung im IT-Bereich im Besonderen zu beachten sind.

Zum Abschluss erfolgen noch einige Ausführungen zur Gestaltung Ihres Internet-Auftrittes, zum Marketing, zu möglichen Vertriebskanälen und was es nach der Gründung zu beachten gibt: Wachstum und Existenzsicherung.

Das Buch versteht sich als Ratgeber und Nachschlagewerk, das Ihnen bei der Realisierung Ihres Geschäftserfolges helfen will. Aus diesem Grund können Sie die einzelnen Kapitel auch unabhängig voneinander lesen, denn jedes wird für Sie zu einem anderen Zeitpunkt beim Aufbau Ihrer Unternehmensexistenz relevant.

An dieser Stelle möchte ich mich recht herzlich bei Lars Amft für seinen Beitrag zu Kapitel 7 bedanken, auf dem viele der dort gemachten Ausführungen beruhen.

Begleitend zu dem Buch können Sie unter der Internet-Adresse www.ludewig.com aktuelle Informationen, Ergänzungen, Checklisten und Dateien abrufen. Unter christoph@ludewig.com freue ich mich über Ihre Anmerkungen zu diesem Buch.

Stuttgart, im September 2003   Christoph Ludewig

Inhaltsverzeichnis

1   Die „New Economy" und ihre Folgen

Mit der rasanten Verbreitung der Informationstechnologie (IT) und des Internets in den vergangenen Jahren haben sich vollständig neue Berufsbilder ergeben und bekannte Berufe stark verändert. Mitarbeiter, die Ihre Fähigkeiten und Kenntnisse auf dem Gebiet der IT ausbauen konnten, zählten und zählen immer noch zu den gefragtesten Arbeitskräften.

Seitdem sich das Wachstum der New Economy reduziert hat, kehrt bei vielen Firmen und Mitarbeitern Ernüchterung ein. Es wird Zeit umzudenken und das vorhandene Wissen und die Erfahrung anders einzusetzen.

Neue Spielregeln

Das Internet hat neue Märkte mit neuen Regeln erschaffen. Unternehmen, die es wenige Jahre zuvor noch gar nicht gab, hatten einen Börsenwert, der zeitweise höher als der der Volkswagen AG oder BMW AG war.[1] Wozu diese Unternehmen mehrere Jahrzehnte brauchten, brauchten Internet-Unternehmen oftmals nur weniger Monate.

Crash

Die Betonung liegt hier allerdings auf „zeitweise". Der Absturz der New Economy erfolgte so schnell wie ihr kometenhafter Aufstieg. Was wie ein zweites Wirtschaftswunder aussah, entpuppte sich schnell als Seifenblase. Es zählten keine Fakten, sondern „Stories". Wer die beste Story erzählen konnte, bekam das meiste Geld. Und die besten und motiviertesten Mitarbeiter. Erfolgsfaktor war die Cash-Burn-Rate: Wer am meisten Geld in der kürzesten Zeit ausgab, war gefeierter Star der New Economy.

Rückwirkend betrachtet konnte das nicht gut gehen. Aber eben nur rückwirkend betrachtet.

---

[1] Im März 2000 lag die Börsenkapitalisierung von Amazon Inc. bei ca. 22 Mrd. US-\$, von Yahoo Inc. bei ca. 90 Mrd US-\$, der BMW AG bei ca. 20 Mrd. US-\$ und der Volkswagen AG bei ca. 16 Mrd. US-\$.

Boo.com

> boo.com[2]
>
> Eine der spektakulärsten Pleiten der New Economy legte das Online-Modehaus boo.com hin. Nach etwa einem Jahr hatten Investoren € 130 Millionen und 400 Mitarbeiter ihren Job verloren.
>
> Das Geschäftsmodell von boo.com sah vor, Sportartikel und Designkleidung über das Internet zu verkaufen. Auf der Höhe des Internet-Booms investierten selbst renommierte Banken wie J. P. Morgan und profilierte Unternehmer wie Bernhard Arnault und Luciano Benetton in die zwei jungen Schweden Kajsa Leander, ein ehemaliges Fotomodel, und Ernst Malmsten, ein Literaturkritiker, die Boo.com aufbauen wollten.
>
> Gut gelaunt und gut gekleidet jetteten Ernst und Kajsa zwischen London, Paris und New York hin und her, führten Geldgebern bunte Animationen auf einem Laptop vor und bekamen ein paar Tage später noch ein paar Millionen mehr überwiesen. Zwischendurch feierten die cleveren Blender wilde Orgien mit Wodka-Grapefruit oder kauften schnell ein paar Prada-Outfits für € 10.000. Aber um das Geschäft kümmerten sie sich nur am Rande. So musste es zwangsläufig zu einem Absturz kommen.
>
> Im Bewusstsein dieser geradezu historischen Dimension der Pleite hat Malmsten die damaligen Ereignisse aus seiner Sicht in Buchform veröffentlicht[3]. Selbstzweifel gehören allerdings noch immer nicht zu den Problemen des heute 32-Jährigen.
>
> Boo.com, so hatten seriöse Ökonomen kritisiert, war ein schrecklich teurer Spaß großer Kinder, die Business gespielt haben.

Das Ergebnis ist, dass viele Unternehmen, die mit ambitionierten Ideen und Geschäftsplänen gestartet waren, mittlerweile ihre Tätigkeit wieder einstellen mussten. Und viele sehr gut ausgebildete Mitarbeiter mit ihnen.

Rückkehr in die Old Economy

Für diese Mitarbeiter eröffnen sich aber heute wieder viele Chancen. Viele sind in die „Old Economy" zurückgekehrt, werden

---

[2] Vgl. Die Welt, 2.12.2001.

[3] „boo hoo – a dot.com story from concept to catastrophe" von Ernst Malmsten, Random House.

dort aber nicht immer glücklich. Sie vermissen die Flexibilität, Spontaneität, Schnelligkeit und Umsetzungsbereitschaft der Unternehmen, in denen sie in der Vergangenheit gearbeitet haben.

Mit dem Wissen und der Erfahrung der New Economy sind viele Mitarbeiter jedoch hervorragend in der Lage, ein eigenes Unternehmen zu gründen. Sie werden die Fehler der ehemaligen Start-ups nicht mehr machen, sondern solide Business Pläne auf Basis realistischer Geschäftideen erstellen und umsetzen.

Erfolgreiche
Unternehmen

Als Blaupause gelten die Unternehmen, die erfolgreich die Krise der New Economy überstanden haben und daraus noch gestärkt hervorgegangen sind. Dazu zählen zweifelsohne Unternehmen wie Yahoo!, Amazon und Ebay, aber auch noch viele andere.

Und es werden neue hinzukommen – zum Beispiel durch Sie. Darum geht es in diesem Buch. Viele Profis mit einem außerordentlichen IT-Know-how haben beste Voraussetzungen ihre Ideen zu realisieren. Oftmals fehlt es aber an unternehmerischem Know-how und dem Mut, eine eigene Existenz zu gründen.

Bevor ich Ihnen ganz pragmatisch zeige, wie Sie ein Unternehmen im IT-Bereich aufbauen und was Sie dazu wissen müssen, folgen einige kurze Ausführungen zu der Entwicklung des Internet-Hypes und der Zukunft der IT-Branche. Dieses soll Ihnen helfen, Ihre zukünftige Tätigkeit in einem breiteren Kontext einzuordnen.

1.1   Nach dem Hype?

Entwicklung
des Hypes

Die Digitale Ökonomie ist in den letzten Jahren entstanden und hat sich in mehreren Schritten vollzogen. Von einer Phase, die – ausgehend vom Silicon Valley in Kalifornien – viele Start-ups mit einer Vielzahl von innovativen Ideen, fabelhaften Börsenkapitalisierungen hervorbrachte und eine Spekulationsblase generierte, ging die Entwicklung nach dem Zusammenbruch eben dieser im Jahr 2000 in eine Konsolidierungsphase über.

Nemax

Anschaulicher Indikator der Spekulationsblase ist der Verlauf des Nemax, des Aktienindex des Neuen Marktes:[4]

Nach dem Vorbild der amerikanischen Wachstums- und Technologiebörse NASDAQ baute auch die Deutsche Börse ein Segment auf, in dem junge, Erfolg versprechende Unternehmen zusammengefasst werden sollten. Die gestiegene Aufmerksamkeit in der Bevölkerung durch den Börsengang der Deutschen Telekom AG ebnete den Weg zur Vollendung dieser Pläne und am 10. März 1997 startete die Deutsche Börse mit den Unternehmen Bertrandt und MobilCom den Neuen Markt. MobilCom, das dem Ex-Monopolisten Deutsche Telekom Marktanteile abnehmen wollte, schaffte bei seinem Börsengang einen Zeichnungsgewinn von fast 50 Prozent. Durch diesen Erfolg an der Börse weiter ermutigt, investierten immer mehr Anleger, die nie zuvor Wertpapiere gekauft hatten, in Aktien und freuten sich über steigende Kurse und Gewinne. Zudem entschlossen sich weitere Jungunternehmen, motiviert durch den Erfolg der MobilCom-Emission, ebenfalls an die Börse zu gehen.

Zum Jahresende 1997 waren bereits 15 weitere Gesellschaften im Wachstumssegment Neuer Markt gelistet. Dabei hatten alle Neuemissionen einen Zeichnungsgewinn verbuchen können.

1998 ging es zunächst weiter nach oben. Immer öfter präsentierten Vorstandsvorsitzende wie Thomas Haffa (EM.TV), Gerhard Schmid (MobilCom) oder Peter Kabel (Kabel New Media) öffentlichkeitswirksam in Interviews und Fernsehauftritten rosige Zukunftsaussichten und sorgten so für ständig weiter steigende Kurse. Gleichzeitig erschienen auch immer mehr „Börsen-Gurus" auf der Bildfläche, die mit ihren optimistischen Aussichten gleichfalls zum weiteren Anstieg beitrugen. Fundamentale Geschäftszahlen und reale Erfolgsaussichten waren für die Zuschauer dabei relativ unwichtig.

Noch war kein Ende der Hausse in Sicht. Im Gegenteil — Ende Oktober 1999 begann der letzte und unglaublichste Kursanstieg der deutschen Börsengeschichte. Die Kurse kannten kein Halten mehr und gingen förmlich durch die Decke. Sowohl DAX als auch Nemax „wetteiferten", wer schneller die nächste 1000er-Grenze erreichen würde.

---

[4] Vgl. www.boerse.de

Anfang März 2000 hatte sich das Marktumfeld zusehends verschlechtert. Waren im Februar noch alle IPOs (Inital Public Offering = Börsengang) mit Zeichnungsgewinnen gestartet, die den Investoren teilweise Rekord-Zeichnungsgewinne weit im dreistelligen Bereich bescherten, zeigten sich ab März erste Ermüdungserscheinungen. So gab es am 22. März bei der Mega-Emission der Lycos Europe AG keinen Zeichnungsgewinn und bei ProDV, die am gleichen Tag an die Börse ging, sogar einen Zeichnungsverlust von 4,35 Prozent zu vermelden. Unternehmen begannen ihre Börsenpläne zurückzunehmen, um eine Bruchlandung zu vermeiden. Zeitgleich wurden die ersten „Todeslisten" veröffentlicht, die Unternehmen benannten, die nach Meinung von Analysten innerhalb weniger Monate Insolvenz anmelden würden.

Die Stimmung an der Börse wurde zunehmend schlechter, insbesondere als mit Gigabell am 15. September 2000 das erste Nemax-Unternehmen Insolvenz anmelden musste. Zudem mussten sich einige der „Börsen-Gurus" auch schwere Anschuldigungen — die teilweise auch rechtliche Klagen nach sich zogen (Insiderhandel und Verstoß gegen das Kreditwesengesetz) — vorwerfen lassen.

Die Abwärtsspirale setzte sich ungehindert fort — bis am 31. Oktober 2002 die Abschaffung des Nemax Index und gleichzeitig die Einführung des neuen TecDAX 30 bekannt gegeben wurde. Der TecDAX fasst 30 Aktien aus dem Technologiesektor zusammen. Im Gegensatz zum Nemax, der aus Wachstums-, IPO- und Technologieaktien bestand, soll der TecDAX aber ausschließlich ein Technologie-Index werden. Der Nemax wurde am 5. Juni 2003 aufgelöst und besiegelte damit das Ende des Neuen Marktes.

Der Verlauf des Nemax zeigt den rasanten Anstieg und Fall des Internet-Hypes in Deutschland sehr gut:

Abbildung 1:
Verlauf des
Nemax

Bereits im Oktober 2001 prognostizierte die FAZ die weitere Entwicklung des E-Commerce mit der folgenden Grafik recht anschaulich:[5]

Abbildung 2:
Entwicklung des
E-Commerce

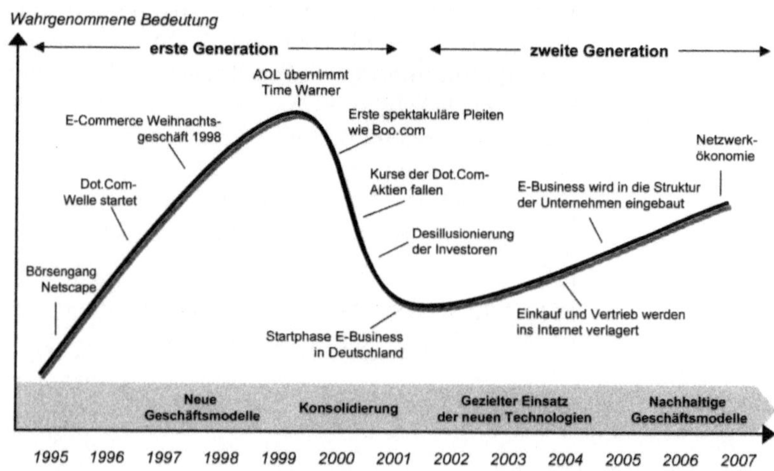

Konsolidierungsphase

Nach der im Jahr 2003 langsam zu Ende gehenden Konsolidierungsphase wird es weiterhin Unternehmen mit vielen Ideen und

---

[5] Vgl. FAZ v. 18.10.2001 „Unternehmen sind mit E-Business bisher nicht zufrieden, investieren aber kräftig weiter".

Innovationen geben, dann aber kombiniert mit einem nachhaltig tragfähigen und profitablen Business Plan. Viele dieser Ideen und einiges von dieser Start-up-Mentalität wird sich, bzw. hat sich bereits in Teilen auf Groß- und Industriekonzerne übertragen. Dazu gehört z.B. das Primat der Geschwindigkeit (time-to-market).

Vorteile von Start-ups

Diese Elemente der Start-ups und deren Umsetzung in Großunternehmen können für diese eine Erhöhung der Innovationsrate, der Geschwindigkeit, mit der Entscheidungen getroffen und umgesetzt werden und einer höheren Flexibilität, um auf Marktveränderungen zu reagieren, bedeuten. Der bekannte Management-Guru Tom Peters geht davon aus, dass so in den nächsten 10 Jahren die Produktivität der Büroarbeit um bis zu 90% gesteigert werden kann — insbesondere mit Hilfe der neuen Technologien.

Dabei darf allerdings die Start-up-Mentalität nicht als das Nonplus-ultra betrachtet werden: Eine effiziente Digitale Ökonomie verschließt sich deshalb vor den Nachteilen einer Start-up-Kultur: unzureichende Planungs- und Steuerungselemente, Chaos und Unordnung, und ersetzt diese durch Strukturen und Abläufe.

Bis zum Jahr 2010 wird die Arbeit in allen Unternehmen zu einem großen Maße digitalisiert sein. Dieses wird sich sehr natürlich und für den Einzelnen kaum spürbar vollziehen.

Generation E

Gleichzeitig wächst die „Generation E" zu einer tragenden Säule unserer Wirtschaft heran: Die Generation E, die zwischen 1965 und 1977 Geborenen, ist die Entrepreneur-Generation. Sie ist mit Computern und Technologie groß geworden und kann diese — im Vergleich zu älteren Generationen — sehr effizient und nutzbringend einsetzen. Darüber hinaus ist diese Generation durch einen hohen Esprit an Entrepreneurship gekennzeichnet. Eine hohe berufliche Fremdbestimmung ist für die Generation E ein häufig genannter Grund zur Kündigung.

Das bedeutet auch, dass die Generation E sich bewusst ihre Arbeit und Aufgaben sucht, die sie fordert und befriedigt. Das Gehalt und der Name des Arbeitgebers treten dabei häufig in den Hintergrund. Berufliche Erfüllung, Gestaltungsspielraum und Entfaltungsmöglichkeiten sind die wesentlichen Einflussfaktoren bei der Wahl der beruflichen Karriere. Es sind daher gerade die wertvollsten und erfahrensten Mitarbeiter, die auch am ehesten motiviert sind, durch die Selbstständigkeit ihr eigener Herr zu werden.

Ihre Arbeitsweise und Kommunikationsmuster unterscheiden sich stark von den bisher praktizierten. Die Manager der Generation E sind mobil, nutzen alle verfügbaren Kommunikationswege und befriedigen eigene Informationsbedürfnisse schnell und eigenständig. Sie kommunizieren über Hierarchien hinweg und mit ihren Mitarbeitern direkt, informell und unpolitisch: Management by E-Mail.

Meritokratie

Die Organisationsform, in der man diese jungen Kräfte am ehesten an ein Unternehmen binden kann, ist die Meritokratie, nicht die Hierarchie. Die Start-up-Welle hat es deutlich gezeigt — jungen Entrepreneurs wurden Millionen von Euro anvertraut. Ermöglicht wurde dieses durch den Mut und die Risikobereitschaft sowie das Vertrauen der Kapitalgeber. Diese Budgets stehen in traditionellen Hierarchien nur lang gedienten Managern zur Verfügung, die nach Jahren des Hochdienens eine hohe Risiko- und Innovationsaversion besitzen, um den erarbeiteten Status nicht zu gefährden. Radikale Veränderungen sind hier meist nur durch Top-Down Entscheidungen durchzusetzen.

Hierarchien

In Hierarchien herrscht die Ressourcenzuteilung vor, über die das Geschäft gesteuert wird. Es wird in operativen Plänen bestimmt, wie viel Budget und wie viele Planstellen ein Bereich zur Verfügung gestellt bekommt, um damit wirtschaften zu können.

> Jack Welch bezeichnet die Erfindung von Budgets als „Verderben von Corporate America", da sie in zeitraubenden und unproduktiven Verhandlungen und vergangenheitsbezogenen Kontrollprozessen der Kreativität, Innovation, Idee und Unkonformität jeglichen Freiraum zum Fortschritt nehmen. Um eine neue Idee zu realisieren, müssen Budgets genehmigt werden — ein einziger Widerspruch an entscheidender Stelle reicht dabei, um diese Idee abzulehnen und so ein eventuell profitables Geschäftsmodell zu verhindern.

Ressourcen-
anziehung

Die Generation E präferiert das Modell der Ressourcenanziehung: eine gute Idee zieht Kapital und Menschen an. Bei einer neuen Idee reicht es (im Gegensatz zur Ressourcenzuteilung), wenn nur ein einziger Kapitalgeber dem Plan zustimmt, dann wird er realisiert — auch wenn viele andere vorher den Plan abgelehnt haben.

Die Generation E ist durch folgende Merkmale gekennzeichnet:

1. Geld spielt keine vorherrschende Rolle: Die Generation E will ausreichend verdienen, um einen adäquaten und hohen

Lebensstandard für sich selbst und ihre Familien zu ermöglichen.

2. Sachleistungen zählen: Das Gehalt wird nicht mehr nur in Geldeinheiten gemessen, sondern auch in Benefits wie z.B. Firmenwagen, Laptop, Handy, der unkomplizierten Verfügbarkeit neuester Technologien und der Möglichkeit, ein Sabbatical einzulegen.

3. Verantwortung: Der Manager will sich genau messen lassen und gemessen werden an Umsatz und Profit. Nicht mehr nur an Budgets, die er nur bedingt selber aufstellen kann und wo er zudem noch in folgenden Planungsrunden mit niedrigeren Budgets bestraft wird, wenn er in Vorjahren durch effizientes Wirtschaften seine Budgets nicht aufgebraucht hat.

4. Unternehmerische Freiheit: Der Manager will selbst entscheiden, wie er die ihm zur Verfügung stehenden Ressourcen wirtschaftlich am sinnvollsten einsetzt. Dazu gehört insbesondere auch die Möglichkeit (unter vorgegebenen strategischen Rahmenbedingungen) unternehmerisch tätig zu sein. Große Unternehmen haben hier den Vorteil, dass sie über eine große Ressourcenkraft verfügen, die sie den Managern unkompliziert und ohne langwierige Antragswege zur Verfügung stellen könnten.

5. Incentivierung: Der Manager erwartet nach Erreichung der vorgegebenen Ziele eine entsprechende Honorierung. Dieses widerspricht dem heutigen Konzept, bei welchem unabhängig von der erbrachten Leistung das Gehalt gezahlt wird, bzw. der variable Anteil des Gehaltes sich an Messgrößen bemisst, die nicht direkt (und oftmals auch nicht indirekt) durch die eigene Arbeitsleistung beeinflussbar sind.

All dieses sind eher Kennzeichen eines Selbstständigen, nicht aber eines Angestellten. Insofern ist davon auszugehen, dass die mentale Unabhängigkeit der Generation E auch nach dem Internet-Hype für zahlreiche Existenzgründungen sorgen wird. Sollten auch Sie bei sich viele dieser Anzeichen und Merkmale wiederfinden, so sind Sie prädestiniert für eine Karriere in der Selbstständigkeit.

1.2   Die Zukunft der IT-Branche

Auch wenn der Absturz der New Economy radikal war, so darf man nicht vergessen, dass er von einem unnatürlich hohen Level erfolgte. Deshalb ist es auf keinen Fall zulässig, mit Skepsis in die Zukunft der IT-Branche zu schauen. Eher im Gegenteil.

Wachstum in der IT-Branche

Gemäß einer Veröffentlichung des Branchenverbandes BITKOM e.V. (www.bitkom.org) vom Juni 2003 rechnen 48% der in Deutschland tätigen ITK-Unternehmen im Jahr 2003 mit einem Umsatzwachstum. Jeder vierte Anbieter geht von einem stabilen Geschäft auf Vorjahresniveau aus. Für das Gesamtjahr 2003 rechnet BITKOM im deutschen ITK-Markt mit einer schwarzen Null und einem Umsatz von gut € 132 Mrd.

Die IT hat in den letzten Jahren — und wird in den kommenden noch stärker — das Bild der Wirtschaft verändern. Ohne IT ist kein Dasein mehr. Und das betrifft alle Bereiche. Um einige wenige Bespiele zu nennen:

- Es gibt keinen Büroarbeitsplatz mehr, der keinen PC hat.

- Ein Auto funktioniert nur noch in einem geringen Umfang mechanisch. Der Großteil der Technik ist Software zur Motor- und Getriebesteuerung, Fahrerinformation, etc.

- Onlinebanking, insb. im Zahlungsverkehr zwischen Unternehmen ist bedeutender als Überweisungsträger aus Papier.

- Pop-Musik wird am PC nachvertont.

- Fotografie ist in zunehmendem Maße digital — sowohl im privaten als auch im professionellen Bereich.

- Zeitungen und Zeitschriften werden am PC geschrieben, gestaltet und dann via Datenleitung direkt an die Druckmaschinen — bundes- oder sogar weltweit — geschickt.

Prognosen für den IT-Markt

Das Beratungsunternehmen IDC (www.idc.de) hat in einer Studie analysiert, dass der IT-Markt — in Teilen — auch zukünftig wachsen wird. Die Lage im westeuropäischen IT-Markt bleibe aber auf Grund der wirtschaftlichen Situation und der Ausgabenkürzungen der Unternehmen schwierig.

IT-Sicherheit

Allerdings fällt dem Markt für IT-Sicherheit der größte Teil des Kuchens zu: weltweit wird er von US-\$ 17 Mrd. in 2001 auf US-\$

45 Mrd. in 2006 wachsen. Dabei werden das Hardwaresegment um jährlich 25%, die Services um 24% und die Software um 16% wachsen.

Europa

Die Ergebnisse von IDC decken sich mit den Analysen von BITKOM vom Juni 2003: In der europäischen IT- und Kommunikations-Branche insgesamt werde 2003 ein Umsatzplus um 2,5% auf € 607 Milliarden erwartet. 2004 wird europaweit ein Wachstum von 4% auf € 632 Milliarden vorhergesagt.

Hardware-
Markt

Der Hardware-Markt dagegen wird frühestens in 2004 wieder wachsen können. Hier erwarten die europäischen ITK-Anbieter nach BITKOM-Analysen 2003 nach 2002 erneut ein Minus. 2002 waren die Hersteller beim Umsatz um 6,9% eingebrochen, 2003 werde ein erneutes Minus von 0,7% kalkuliert. Stark zunehmen sollen hingegen die Telekommunikationsdienste und dabei vor allem die Internet- und Online-Dienste.

IDC befindet ebenfalls, dass der Markt für drahtlose Geräte und Anwendungen sowie die Systemintegration von Computern in den nächsten Jahren deutlich expandieren wird.

Linux

Gemäß einer Studie der Nomina GmbH (www.nomina.de) wird auch der Linux-Markt in den nächsten Jahren ein deutliches Wachstum erfahren. Im Vordergrund stehen dabei systembezogene Linux-Lösungen, insbesondere für Web-, Mail-, Print- und Datenbank-Server sowie Application- und Security-Server.

Als größte Hemmnisse für größeres Wachstum nennen deutsche IT-Unternehmen laut BITKOM die politischen Rahmenbedingungen (65%), Binnennachfrage (58%) und Finanzmärkte (48%), gefolgt von Exportschwierigkeiten (26%) und Fachkräftemangel (12%).

Als Fazit kann festgehalten werden, dass der IT-Markt zwar nicht mehr die Goldgrube der letzten Jahre sein wird, aber immer noch einer der Märkte, der — bei angespannter gesamtwirtschaftlicher Lage — genügend Nischen mit überdurchschnittlichem Wachstum bietet.

Diese Nischen bzw. Teilmärkte müssen und können Sie finden und profitabel bearbeiten. Dabei sollten Sie aber auch genügend Flexibilität und Weitsicht besitzen, um sich bei veränderter Marktlage entsprechend schnell anpassen zu können.

2 Selbstständigkeit

Das wirtschaftliche Umfeld in Deutschland ist im Jahr 2003 ge-
prägt durch eine hohe Arbeitslosigkeit und eine schwache Konjunktur. Allerdings sind die meisten erfolgreichen Unternehmen
in einer derartigen Situation gegründet worden. Erfolgreich im
Boom kann jeder sein, aber ein Boom hält nicht lange an. Wichtig ist, die Krise meistern zu können, und wenn Sie Ihr Unternehmen unter schwierigen Marktbedingungen gründen, aufbau-
en und führen können, dann können Sie das in einem wirtschaftlichen Aufschwung erst recht.

Und Sie bekommen in Deutschland eine Vielzahl an Unterstüt-
zungsmöglichkeiten, sei es finanzieller oder beratungstechnischer
Natur, da die Bundesregierung erkannt hat, dass heutige Existenzgründer die Mittelständer von morgen sind, und damit zu
einer tragenden Säule der Wirtschaft werden. Die Politik kann
hierbei allerdings nur die Rahmenbedingungen vorgeben — sie
kann nicht die Unternehmen gründen. Ein wesentlicher Aspekt
ist dabei die Flexibilisierung des Arbeitsmarktes mit dem Ziel,
den Unternehmen auf einfache Art und Weise Arbeitskräfte zuzuführen und mehr Menschen in Lohn und Brot zu bekommen.

Dazu hat sie z.B. mit dem sog. Hartz-Konzept für Kleinstgründungen einige Vereinfachungen geschaffen.

Doch bevor wir dazu kommen, wollen wir uns zunächst anschauen, welche persönlichen Voraussetzungen gegeben sein
müssen, damit Sie sich selbstständig machen können.

2.1 Für wen eignet sich die Selbstständigkeit?

Es gibt zahlreich „Tests", mit denen Sie angeblich ermitteln können, ob Sie für die Selbstständigkeit geeignet sind oder nicht. Jedoch ist den Ergebnissen dieser Tests nicht allzu viel Bedeutung
beizumessen. Es darf für Sie jedenfalls nicht zu einem alleinigen
Entscheidungskriterium werden, die Selbstständigkeit zu ver-

werfen, nur weil in einem bestimmten Test nicht das gewünschte Ergebnis herauskommt. Denn Ihren Einsatzwillen, Ihre Disziplin, Ihr Fachwissen, Ihre Kommunikationsfähigkeit, Ihre Risikofreude, Ihre Motivation und Ihr Durchsetzungsvermögen kann in keinem Test umfassend und absolut ermittelt werden. Und diese sind zudem auch mal mehr und mal weniger relevant – je nachdem, welche Art der Selbstständigkeit Sie anstreben.

Dennoch haben diese Tests etwas Gutes für sich: Sie fragen bestimmte Eigenschaften ab, die nachweislich sehr förderlich für eine erfolgreiche Existenzgründung (nicht jedoch zwingend notwendig) sind. Dadurch können Sie erfahren, welche Ihrer Persönlichkeitsmerkmale positiv unterstützend für die Selbstständigkeit sind. Diese müssen Sie weiter ausbauen (und nicht etwa versuchen, Ihre Schwächen auszumerzen – damit landen Sie höchstens im Mittelmaß.)

Eigenschaften und Kenntnisse

Zu den üblicherweise abgefragten Eigenschaften und Kenntnissen gehören z.B.:

■ Risikofreude	■ Physis
■ Mitarbeiterführung	■ Reaktion in Stresssituationen
■ Vertriebserfahrung	■ Unterstützung durch Familie
■ Einkaufserfahrung	■ Netzwerk in der Branche

Solche Tests finden Sie u.a. unter:

➪ www.kfw-mittelstandsbank.de

➪ www.innovate.de

➪ www.focus.de (Beruf & Karriere / Existenzgründung)

➪ www.bmwi.de (Wirtschaftsministerium / Existenzgründung / Tipps für den Start)

➪ www.tzl.de/tou-planer (Technikzentrum Lübeck / Technikorientierte Unternehmensgründung)

Probieren Sie einfach den einen oder anderen Test aus, um zu sehen, auf welche Merkmale Wert gelegt wird – aber nicht, um Ihre Entscheidung pro oder kontra Unternehmensgründung davon abhängig zu machen.

2.2   Hartz-Konzept und Ich-AG

Kommission
„Moderne
Dienstleistungen
am Arbeits-
markt"

Um das Problem der hohen Arbeitslosigkeit in Deutschland endgültig und nachhaltig in den Griff zu bekommen, hat die Bundesregierung im Februar 2002 die Kommission „Moderne Dienstleistungen am Arbeitsmarkt", später bekannt als „Hartz-Kommission", eingesetzt. Neben ihrem Vorsitzenden Peter Hartz, Personalvorstand bei der Volkswagen AG, bestand die Kommission aus hochkarätigen Vertretern aus Wirtschaft, Gewerkschaften, Politik und Wissenschaft.

Erklärtes Ziel der Kommission war es, Maßnahmen zu entwickeln, die die Zahl der Arbeitslosen innerhalb von zwei Jahren um zwei Millionen senken sollen.

Im August 2002 legte die Kommission ihren viel diskutierten, von den meisten Fachexperten für gut befundenen Maßnahmenplan vor. Dieser konnte aber nur einen Input für die Politik darstellen, denn diese hatte nun die Aufgabe auf Basis des Kommissionsberichtes entsprechende Gesetze zu verabschieden.

Zu Beginn des Jahres 2003 erfolgte dann die politische Umsetzung des Hartz-Konzeptes – mit Abstrichen und politischen Kompromissen gegenüber dem Ursprungkonzept.

Ob das Hartz-Konzept wirklich die angepriesene „größte Reform des Arbeitsmarktes" wird, bleibt abzuwarten. Die Maßzahl des Erfolges wird die Zahl der Arbeitslosen sein, und die ist ja bekanntlich vielen Einflüssen unterworfen.

Ich-AG

Ein Element des Hartz-Konzeptes wird Ihnen aber mit Sicherheit auch im Rahmen Ihrer Existenzgründung mehrfach begegnen und ist deshalb wert, näher beleuchtet zu werden: die Ich-AG.

Die Ich-AG bezeichnet keine AG im rechtlichen Sinne, sondern steht als einprägsames Schlagwort für ein Ein-Personen-Unternehmen, welches aus der Arbeitslosigkeit heraus gegründet wird. Es handelt sich also um den Einstieg in die Selbstständigkeit für Kleinstunternehmen, die mit Hilfe des „Existenzgründungszuschuss nach § 421 Abs. 1 SGB III (3. Sozialgesetzbuch)", so der Fachterminus für die Ich-AG, gegründet werden.

Voraussetzungen

Die Voraussetzungen, um in den Genuss des Existenzgründungszuschusses zu kommen, sind:

- Sie müssen vor Gründung der Ich-AG Kurzarbeitergeld, Arbeitslosengeld oder -hilfe bezogen haben, bzw. im Rahmen einer ABM- oder Strukturanpassungsmaßnahme beschäftigt gewesen sein.

- Es darf kein Überbrückungsgeld (siehe Kapitel 4.5.3.1) nach §57 SGB III bezogen werden.

- Ihr Gewinn aus der selbstständigen Tätigkeit darf € 25.000 pro Jahr nicht übersteigen.

- Nach einer Anpassung des Gesetzes im Juli 2003 dürfen Sie neben Familienangehörigen auch weitere Angestellte beschäftigen.

Was Sie nicht leisten müssen, aber natürlich immer sinnvoll wäre, ist:

- Ein Gutachten über die Sinnhaftigkeit oder Rentabilität Ihrer Geschäftsidee vorlegen.

- Kaufmännische Grundkenntnisse nachweisen.

Existenzgründungszuschuss

Wenn Sie die entsprechenden Voraussetzungen erfüllt haben und Ihnen das Arbeitsamt den Existenzgründungszuschuss gewährt hat, so haben Sie folgende Rechte und Pflichten:

- Sie bekommen im ersten Jahr monatlich € 600, im zweiten Jahr € 360 und im dritten Jahr € 240. Danach erlischt der Zuschuss.

- Bereits gezahlte Zuschüsse müssen Sie nicht, weder bei einer Insolvenz noch Überschreiten der Einkommensgrenze, zurückzahlen.

- Die Förderanträge müssen jährlich — unter Angabe des Jahresgewinns — neu gestellt werden.

- Sie sind rentenversicherungspflichtig und müssen sich privat oder freiwillig gesetzlich kranken- und pflegeversichern.

- In die Arbeitslosenversicherung werden Sie nicht aufgenommen, sollten Sie jedoch innerhalb von vier Jahren Ihr Geschäft wieder aufgeben müssen, so können Sie evtl. einen früher entstandenen (Rest-)Anspruch auf Arbeitslosengeld oder -hilfe geltend machen.

- Die Zuschüsse sind steuerfrei.

Im ersten Halbjahr 2003 wurden bereits 33.000 Ich-AGs gegründet. Das Konzept hat sich somit auf den ersten Blick als erfolgreich herausgestellt. Es darf jedoch nicht vergessen werden, dass viele Arbeitslose auf Grund der schlechten Arbeitsmarktsituation keine andere Alternative hatten.

Kritische Würdigung

Weiterhin ist die Versicherungspflicht zu bemängeln, die dieses Konzept beinhaltet. Ein Großteil des Existenzgründerzuschusses – im dritten Jahr sogar mehr als das – ist an die Versicherungsanstalten zu zahlen. (Es kann somit leicht vermutet werden, dass das Hauptziel des Konzeptes wäre, den Sozialversicherungen Mitglieder zuzuführen, um die arg gebeutelten Kassen zu entlasten.)

Interessant zu beurteilen ist natürlich ebenfalls, ob die Ich-AG für Sie als IT-Spezialisten ratsam wäre. Grundlegende Voraussetzung ist natürlich, dass Sie arbeitslos gemeldet sind.

Weiterhin dürfen Sie nicht mehr als € 25.000 zu versteuerndes Einkommen jährlich erwirtschaften. Ein kleines Rechenbeispiel eines IT Freiberuflers verdeutlicht dieses:

Berechnung

Bei einem angenommenen Stundensatz von € 70 und einer 50% Versteuerung (also € 35, nach allen Abzügen / Betriebsausgaben) müssten Sie 714 Stunden (oder 89 Acht-Stunden-Tage) Ihren Kunden in Rechnung stellen, um auf € 25.000 zu kommen. Dieses wären viereinhalb Monate Arbeit, so dass noch viel Zeit für Akquisetätigkeiten sowie Vor- und Nachbereitung der Projekte bliebe. Dieses Arbeitspensum dürfte für die meisten IT-Spezialisten durchaus erreichbar sein (siehe dazu auch Kapitel 3.2.7) und würde damit den Existenzgründungszuschuss verwehren. Die Ich-AG zielt daher ganz klar auf Existenzgründer im Niedriglohnbereich bzw. Kleinstgründungen ab, nicht aber z.B. auf IT-Freiberufler.

Sinnvoller für IT-Profis ist dagegen z.B. Überbrückungsgeld nach §57 SGB III oder andere Förderprogramme zu beantragen (siehe Kapitel 4.5.3).

Beispiel einer Ich-AG

> **So wie Adrian Gratzke[6]**
>
> **Der Zwanzigjährige meldete Anfang 2003 die erste „Ich-AG"
> Nordrhein-Westfalens an. Kurz danach besitzt der arbeitslose**

---

[6] Vgl. „Gratzkes Traum", FAZ Nr. 25 v. 30.01.2003, S. 36.

Bürokaufmann einen Gewerbeschein für Gastronomie und bezieht den „Existenzgründungszuschuss" von € 600 im Monat.

Seine Geschäftsidee beruht auf der Beobachtung, dass Mischgetränke aus Hoch- und Niedrigprozentigem die neuen Hits einer unentschlossenen Spaßgesellschaft bilden.

An der Tür zur Firmenzentrale in Bochum, es handelt sich um das Zimmer, in dem Gratzke seit zwanzig Jahren wohnt, hängt ein Keramikschild mit dem Namenszug „Adrian". Und über dem Schreibtisch, vollgestellt mit Flachbildschirm und Drucker-Scanner-Kopierer-Einheit, deutet ein mit weißen Reißzwecken übersäter Stadtplan auf große Pläne hin.

Schon während seiner Lehrzeit belegte er Rhetorikseminare. Auf seine Lehre folgte ein halbes Jahr Arbeitslosigkeit – mit € 320 im Monat.

Der Kerngedanke der Ich-AG besteht darin, den begrenzten Umkreis der eigenen Existenz als Marktsegment zu betrachten. Und diesen Gedanken scheint Gratzke, der die Ausgehlandschaft des Ruhrgebiets an jedem Wochenende auskundschaftet, verstanden zu haben. Die Reißzwecken auf seiner Karte markieren Gaststätten, die Gratzke mit Getränken beliefern möchte.

Der Rest ist uraltes Händlerkalkül: Bei einem Getränkemarkt im Umland kauft Gratzke die Flasche „Smirnoff Ice" für € 1, fährt sie dann mit einem für € 175 im Monat geleasten alten Postauto nach Bochum, verkauft sie dort für € 1,12 und unterbietet somit das billigste örtliche Angebot von € 1,24. Gratzke rechnet aus: „10 Großkunden mal 50 Kisten mal 24 Flaschen mal 12 Cent Gewinnspanne macht € 1440. Das ist schon der Monatsverdienst eines Otto Normalverbrauchers, mit nur einem Getränk gerechnet."

2.3   Scheinselbstständigkeit

Eng mit dem Thema Ich-AG hängt auch die Scheinselbstständigkeit zusammen.

Als „scheinselbstständig" gelten alle Selbstständige, die zwar rechtlich selbstständig, aber faktisch doch „arbeitnehmerähnlichen" Status haben. Die rechtlichen Regelungen dazu haben das Ziel, die Scheinselbstständigen für die Sozialversicherungen zu erfassen.

Kriterien

Um festzustellen, ob jemand scheinselbstständig ist, gibt es genau definierte Kriterien:

1. Personen, die im Zusammenhang mit ihrer Tätigkeit mit Ausnahme von Familienangehörigen keinen versicherungspflichtigen Arbeitnehmer beschäftigen,

2. Personen, die regelmäßig und im Wesentlichen nur für einen Auftraggeber tätig sind (Faustregel 5/6 des Umsatzes werden über einen Auftraggeber generiert),

3. Personen, die für Beschäftigte typische Arbeitsleistungen erbringen, insbesondere Weisungen des Auftraggebers unterliegen und in die Arbeitsorganisation des Auftraggebers eingegliedert sind,

4. Personen, die nicht auf Grund unternehmerischer Tätigkeit am Markt auftreten und

5. der Selbstständige war früher beim Auftraggeber mit gleichen Tätigkeiten als Angestellter beschäftigt.

Wenn drei der fünf Kriterien vorliegen, so gilt der vermeintlich Selbstständige als scheinselbstständig. Die Prüfungen werden von der Bundesversicherungsanstalt für Angestellte (BfA) im Rahmen von Betriebsprüfungen durchgeführt.

Konsequenzen

Ist die Scheinselbstständigkeit belegt, so hat das weitreichende Konsequenzen:

❑ Der freie Mitarbeiter wird zum Angestellten bei seinem Hauptauftraggeber und ist fortan pflichtversichert in der gesetzlichen Sozialversicherung, was natürlich mit erheblichen Kosten auf Seiten des Arbeitgebers verbunden ist. Zu beachten ist, dass der Arbeitgeber unter Umständen die Sozialversicherungsbeiträge für die letzten vier Jahre nachzahlen muss, er von dem Arbeitnehmer aber nur drei Monate lang einen Teil des Gehaltes einbehalten darf.

❑ Wird dem Scheinselbstständigen Arbeitnehmerstatus bestätigt, so ist der vermeintlich Selbstständige nun Angestellter mit Kündigungsschutz, Urlaubsanspruch, Lohnfortzahlungsanspruch im Krankheitsfall, etc.

❑ Auch wenn der so zum Angestellten gewordene freie Mitarbeiter dem arbeitsrechtlichen Kündigungsschutz unterliegt, ist ein solcher Einstieg wohl nicht gerade günstig für eine dauerhafte Zusammenarbeit mit dem „neuen" Arbeitgeber.

❑ Problematisch wird mit dem Einstieg in das Angestelltenverhältnis auch die private Altersversorgung. Nur selten wird es dem Arbeitnehmer möglich sein, die bisherigen Beiträge in voller Höhe weiterzutragen. Somit müssen einzelne der Vorsorgeverträge stillgelegt oder gar gekündigt werden, was teilweise mit erheblichen finanziellen Einbußen einhergeht.

❑ Spätestens mit Feststellung der „Scheinselbstständigkeit" endet auch die unternehmerische Tätigkeit für das betriebene Gewerbe. Dies heißt, das Gewerbe muss abgemeldet werden. Auch die gesetzliche Mitgliedschaft in der Industrie- und Handelskammer und die gesetzliche Verpflichtung zur Mitgliedschaft in der Berufsgenossenschaft enden zu diesem Zeitpunkt.

Warum hängt dieses aber nun mit der Ich-AG zusammen?

Ich-AGs sind nicht scheinselbstständig

Die Regelungen zur Ich-AG beinhalten in vielen Fällen zumindest das erste der o.g. Kriterien. In den meisten Fällen wird es bei Ich-AGs auch nicht schwer sein, eines oder mehrere der anderen Kriterien nachzuweisen. Somit wären die meisten Ich-AGs scheinselbstständig und daher nicht existent.

Der Gesetzgeber hat diesen Widerspruch erkannt und kurzerhand eine „widerlegbare Vermutung" für solche Personen, die einen Existenzgründungszuschuss nach § 421 Abs. 1 SGB III beantragen, beschlossen. Ich-AGs gelten dadurch immer als selbstständig.

3 Das Produkt sind Sie

In diesem Abschnitt geht es um die Möglichkeiten, sich als IT-Profi selbstständig zu machen. Dazu ist es wichtig zu wissen, welche Geschäftsmodelle und welche Produkte sich dazu anbieten. Als Berater sind Sie natürlich Ihr eigenes Produkt und müssen Ihre Arbeitskraft und Ihr Know-how verkaufen.

Wenn Sie sich zudem überlegen, die Möglichkeiten des Internets in Ihr Geschäftsmodell zu integrieren, steckt dahinter eine strategische Überlegung. Denn danach wird Ihr Unternehmen nicht mehr so sein wie vorher. Dieser Schritt ermöglicht es Ihnen, zu wachsen und in der Zukunft zu bestehen. Dazu wollen wir uns in Abschnitt 3.2.1 die möglichen Ausprägungen einer Wachstumsstrategie näher anschauen. Danach werden kurz die Besonderheiten des Internets im Hinblick auf den Vertrieb von Produkten und Dienstleistungen erläutert.

3.1 Ihre Möglichkeiten als IT-Professional

Nachdem nun einiges über die Rahmenbedingungen einer Existenzgründung gesagt wurde, wollen wir im Folgenden sehen, welche konkreten Möglichkeiten es für Sie als IT-Professional gibt, sich selbstständig zu machen. Dabei kann hier nur ein kleiner Ausschnitt aus der unendlichen Vielzahl an Tätigkeitsfeldern gegeben werden. Es hängt auch immer von Ihren persönlichen Präferenzen und Kenntnissen ab, welches Geschäftsmodell Sie in Ihrer Existenzgründung umsetzen wollen.

Produkte oder Dienstleistungen

Grundlegend ist die Frage zu klären, ob Sie Dienstleistungen oder Güter anbieten wollen. Im ersten Fall könnten Sie eher beratend tätig werden, im zweiten Fall müssten Sie ein „produzierendes Unternehmen" aufbauen.

Jobbörsen

Ein paar Ideen, welche Möglichkeiten es gibt, bietet Ihnen das Internet, wo Sie in den verschiedenen Stellenbörsen nach Jobs für IT-Profis schauen können. Auch wenn Sie nicht in ein Angestelltenverhältnis wechseln wollen, können Sie hier ganz gute Anregungen bekommen. Insbesondere spezielle Stellenbörsen für IT'ler, wie http://www.stepstone.de/it, eignen sich dafür.

3.1.1   IT-Berater

Als IT-Berater helfen Sie dem Kunden seine Ideen und Vorstellungen digital umzusetzen. Dazu gehört Branchenkenntnis, IT- und Multimedia-Know-how sowie Wissen über und Erfahrung mit den speziellen IT-Systemen des Kunden. Ihre Aufgabe dabei ist die Analyse, Konzeption und Umsetzung von optimalen IT-Lösungen, die Sie dem zu beratenden Unternehmen zur Verfügung stellen. Strategieberatung, Informationstechnologie und Design zu verbinden, ist dabei Königsdisziplin, die alle relevanten IT-Sachverhalte abdecken kann.

Als Selbstständiger in dieser Branche sind Sie kein Einzelkämpfer. Sie können sich fallweise in Projekten mit anderen Selbstständigen zusammenschließen, so dass jeder sein spezielles Fach-Know-how einbringen kann, um dem Kunden ein umfassendes Gesamtprojekt anbieten zu können. Auch können Sie sich permanent oder temporär Netzwerken für IT-Berater (z.B. dem Bundesverband Selbstständige in der Informatik BVSI, www.bvsi.de) anschließen.

Eigenständiges Arbeiten, organisatorische Fähigkeiten und professionelles Projektmanagement sind somit unerlässlich für erfolgreiche IT-Berater. Wie in allen Beratungsberufen gehört auch noch die soziale Kompetenz dazu. Als IT-Berater verkaufen Sie Ihr Know-how und Ihre Erfahrung im Sinne des Kunden.

Weitere Infos dazu gibt es bei dem Branchenverband BITKOM e.V. (www.bitkom.org) oder beim Bundesverband Deutscher Unternehmensberater BDU e.V. (www.bdu.de).

3.1.2   SAP-Berater

Eine Sonderform des IT-Beraters ist der SAP-Berater. Aufgrund seiner herausragenden Stellung unter den IT-Beratern wird diese Tätigkeitsform hier gesondert beschrieben.

SAP AG

Die Produkte der SAP AG aus Walldorf sind betriebswirtschaftliche Standard-Software-Produkte und E-Business-Softwarelösungen. Da diese stark in die unternehmerischen Abläufe der Kunden eingreifen und eine simple Installation der Software nicht den gewünschten Nutzen bringen kann sind spezielle SAP-Berater gefragt.

SAP[7] ist der weltweit führende Anbieter von Unternehmens-Softwarelösungen, die die Prozesse in Unternehmen und über Unternehmensgrenzen hinweg integrieren.

Im Jahr 2003 arbeiten mehr als 19.300 Firmen in über 120 Ländern mit insgesamt rund 62.000 SAP-Installationen, darunter mehr als die Hälfte der 500 größten Konzerne der Welt.

Das 1972 von fünf IBM-Mitarbeitern gegründete Unternehmen zählt mittlerweile rund 29.000 Beschäftigte. Allein in der Software-Entwicklung sind weltweit insgesamt 8.200 Mitarbeiter beschäftigt. Neben ihrem Haupt-Entwicklungszentrum am Stammsitz in Walldorf unterhält SAP Entwicklungslabors in Palo Alto (USA), Tokio (Japan), Bangalore (Indien) und Sophia Antipolis (Frankreich) sowie in Berlin, Karlsruhe und Saarbrücken. Mit Niederlassungen in mehr als 50 Ländern erzielte die SAP im Geschäftsjahr 2002 einen Umsatz von € 7,41 Milliarden.

Mit ihren weltweit rund 55.000 ausgebildeten und zertifizierten Beratern setzen SAP und ihre Partner gemeinsam definierte Prozesse und Instrumente zur schnellstmöglichen Systemeinführung ein und liefern Produkte aus, die die Geschäftsabwicklung durch die Einbindung neuester Internet-Funktionen optimieren.

---

[7] Quelle: www.sap.de

SAP-Berater müssen die betriebswirtschaftlichen Anforderungen und Risiken der Kunden kennen und verstehen. Neben der Installation der einzelnen SAP-Module und Integration in die betriebliche IT-Landschaft gehört auch das Customizing auf die Bedürfnisse des Kunden dazu.

Tätigkeitsbeschreibung

Ausgangsposition ist die Problemanalyse und Bedarfsermittlung bei dem Kunden. Danach muss der SAP-Berater die Prozesse des Kunden analysieren und die passenden SAP-Software-Module auswählen, um diese – oder ggf. sogar die geänderten – Prozesse abzubilden. Zu den durch SAP-Module abbildbaren betrieblichen Prozessen gehören z.B. Controlling, Materialwirtschaft und Rechnungswesen.

Dabei wird das SAP-System immer für den Kunden maßgeschneidert und die Mitarbeiter entsprechend geschult. Da die Einführung von SAP oftmals mit der Veränderung von Prozessen kombiniert wird, sind social skills des SAP-Beraters unabdingbare Voraussetzung, um erfolgreich zu sein.

Aufgaben

Dem SAP-Berater obliegen sowohl die Durchführung DV-technischer Aufgaben als auch alle hiermit verbundenen Standardtätigkeiten wie Dokumentation, Präsentation, Abstimmung, Qualitätsprüfungen, Tests, Übergaben und Verfahrensbetreuung. Je nach Berufserfahrung und Know-how erfolgt die Beratungstätigkeit nach Anweisungen und detaillierten Vorgaben auf der Basis eigener Analysen und Konzeptionen bis hin zur Übernahme von Projektleitungsaufgaben und dem Führen kleinerer bis größerer Projekt-Teams.

Geeignete Voraussetzung für die Tätigkeit als SAP-Berater sind betriebswirtschaftliche Grundkenntnisse, natürlich umfassende IT-Kenntnisse und idealerweise Erfahrungen in der Gestaltung von unternehmerischen Prozessen.

Ausbildungsweg

Es gibt keinen Ausbildungsgang zum SAP-Berater. Die Berufsbezeichnung ist tätigkeitsorientiert. Das Fachwissen können Sie sich auf verschiedenen Wegen aneignen. Auf der Basis von soliden Wirtschaftsinformatik-Kenntnissen baut die Spezialisierung auf die Software-Produkte von SAP auf. Unumgänglich sind dabei regelmäßige Schulungen und Weiterbildungen, die von SAP selber oder zertifizierten Schulungspartnern angeboten werden.

Zu bedenken ist, dass Sie sich als SAP-Berater von der SAP AG und ihren Produkten sehr abhängig machen. Sollten die Produkte nicht mehr wettbewerbsfähig sein, so werden auch Sie weniger Arbeit haben. Vorteilhaft ist jedoch, dass Sie in der SAP

AG ein großes, solides und starkes Unternehmen als Partner haben, welches ohne die Hilfe der SAP-Berater ihre Produkte nicht erfolgreich verkaufen kann. Insofern handelt es sich hierbei durchaus um eine gegenseitige Abhängigkeit – eine Win-win-Situation.

3.1.3   (Multimedia-)Programmierer

Programmier entwickeln Computer-Programme. Was sich so einfach anhört, ist es gar nicht. Sie müssen die Anforderungen des Auftraggebers genau kennen, um sie umzusetzen. Und dann entscheiden, wie sie umgesetzt werden. Daher ist das Bild des Nickelbrillen-tragenden Hackers, der nächtelang vor dem PC sitzt, neben sich eine Flasche Cola und eine Pizza, längst überholt.

Anforderungen

Im Gegenteil – bei den immer höher werdenden Anforderungen an die Programme ist es wichtig, in logischen Kategorien zu denken und eben nicht durch „trial and error" irgendwann auf die richtige Lösung zu kommen. Der Programmierer muss Programmiersprachen und Autorensysteme beherrschen. Dazu gehört auch die Dokumentation des Programms. Ebenfalls vonnöten ist ein hohes Maß an Kommunikationsvermögen, um mit dem Kunden das gewünschte Ergebnis diskutieren und ihm präsentieren zu können.

Multimedia-Programmierer entwickeln und programmieren multimediale Anwendungen, wie z.B. Bestell- oder Lernsysteme, Homepages, Multimedia-Kioske, Spiele oder interaktive Web-Auftritte. Sie gehen somit noch einen Schritt weiter als die klassischen Programmierer, da sie zusätzlich die grafische Komponente beherrschen müssen.

Mit Hilfe dieser Tätigkeit können Sie andere Firmen durch Ihre Arbeitskraft unterstützen, indem Sie als Outsourcing-Partner oder Freelancer fungieren.

Weitere Infos gibt es beim Deutschen Multimedia Verband e.V. (www.dmmv.de)

3.1.4   Software-Entwickler

Im Gegensatz zum Programmierer, der Programme im Kundenauftrag entwickelt, können Sie auch Ihre eigenen Programme schreiben und diese Software dann verkaufen.

Anwendungsprogrammierer

Dabei kann es sich um die unterschiedlichsten Anwendungen handeln. Ihre Geschäftsidee wird dann sein, das Wesen des Programms zu bestimmen, welches den meisten Erfolg verspricht. Denkbar ist dabei z.B. die Entwicklung von Applikationen für mobile Endgeräte oder für das Linux Betriebssystem, da dieser Markt weiterhin stark wachsen wird.

Dabei sollten Sie immer Ihre bisherigen Vorkenntnisse und Erfahrungen berücksichtigen. Nur so sind Sie in der Lage, qualitativ hochwertige Programme zu entwickeln, die auch einen Abnehmer finden.

Ihre Aufgabe als Ideengeber und Unternehmer sollte sein, das Grobkonzept des Programms, also z.B. die Inhalte und Kundennutzen, zu spezifizieren. Danach sollten Sie sich persönlich um die Vermarktung kümmern, die Programmierung können Sie versierten Programmierern überlassen.

3.1.5   IT-Sicherheitsberater

Der IT-Sicherheitsberater kümmert sich um das Sicherheitsmanagement seiner Kunden, also den Datenschutz und die Datensicherheit. „Datenschutz" bedeutet dabei die Absicherung der Daten vor unberechtigtem Zugriff oder unberechtigter Verwendung, „Datensicherheit" die Vermeidung eines technischen Verlustes von Daten.

Diese Aufgabe wird heutzutage immer wichtiger, kann aber von vielen Firmen personell und fachlich nicht abgedeckt werden.

Bedeutung der IT-Sicherheit

> Die Bedeutung der IT-Sicherheit nimmt stetig zu. Hacker, Viren und Industriespione fügen den Unternehmen zunehmend Schäden zu. Grund dafür ist u.a. die Verbreitung des Internets sowie die Vernetzung der Unternehmen untereinander.

Ein weiteres Problem ist Spam, die Zusendung von unerwünschter E-Mail. Die Beratungsfirma IDC schätzt, dass weltweit von täglich ca. 30 Mrd. E-Mails 6 Mrd. Spam sind, also 20%. Das österreichische Marktforschungsinstitut Marktagent.com schätzt, dass im deutschsprachigen Raum ca. 500 Mio. Spam-Mails wöchentlich kursieren.

Die Angriffe von Hackern und Viren auf Unternehmensnetzwerke sind nicht dokumentiert, da viele Unternehmen diese Angriffe nicht zugeben wollen. Es wird geschätzt, dass ca. 60% aller deutschen Firmen bereits einmal Opfer von Hackern und Saboteuren geworden sind.

Die Schäden, die auftreten können, sind u.a.:

⇨ Verlust von Daten

⇨ Ausfall von Systemen und damit Arbeitsunfähigkeit des Unternehmens.

⇨ Diebstahl von vertraulichen Daten oder sogar Hardware

⇨ Produktivitätsverlust

⇨ Einnahmeverlust

⇨ Imageschäden

Auch wenn Firewalls und Virenschutzprogramme zu den Standardabwehrmechanismen vieler Unternehmen geworden sind, ist doch zu bedenken, dass es sich hierbei um einen „Hase und Igel Wettlauf" handelt: Es gibt immer neue Viren und Angriffsformen, auf die bestehende Systeme nicht vorbereitet sind.

Seit dem 11. September 2001 hat aber offenbar ein Umdenken in vielen Firmen stattgefunden. Vorher haben Unternehmen nur ca. 0,024% ihres IT-Budgets für Sicherheit ausgegeben, heute sind es bei den meisten großen Unternehmen bereits 5%.

Nach Analysen von IDC aus dem Jahr 2002 soll der Markt für IT-Sicherheit von US-$ 17 Mrd. in 2001 auf US-$ 45 Mrd. in 2006 wachsen.

Als IT-Sicherheitsberater, mit entsprechenden Vorkenntnissen, ist es Ihre Aufgabe, dem Kunden zu helfen, Schwachstellen in der

Sicherheitsstruktur seiner IT-Infrastruktur aufzudecken und zu beseitigen.

Sensibilisie-
rung von Mit-
arbeitern

Dazu gehören nicht nur Firewalls und Virenscanner, sondern vor allem auch die Sensibilisierung der Mitarbeiter für diese Themen. Die größte Schwachstelle im Rahmen der IT-Sicherheit ist in vielen Fällen der Mitarbeiter, der — bewusst oder unbewusst — durch die Herausgabe von Passworten oder anderen sicherheitsrelevanten Informationen oder der z.B. der Installation von nicht-abhörsicheren Wireless-LANs oder anderen Programmen am Arbeitsplatz, den Angriffen Tür und Tor öffnet.

Rechtliche
Aspekte

Auch rechtliche Aspekte haben Sie als IT-Sicherheitsberater zu bedenken: Der Gesetzgeber hat auf die zunehmende Vernetzung unserer Gesellschaft mit neuen Regularien, wie u.a. dem Bundesdatenschutzgesetz (BDSG), dem Gesetz zur Kontrolle und Transparenz im Unternehmensbereich (KonTraG) und dem Telekommunikationsgesetz, reagiert. Die Fülle der gesetzlichen Anforderungen, von denen hier nur einige genannt sind, erschweren natürlich die Risikoanalyse und -behebung bei Ihren Kunden, da sie unbedingt zu beachten sind.

Alles in allem hat der IT-Sicherheitsberater viel Analyse- und Überzeugungsarbeit zu leisten, bei dem sowohl Fachwissen als auch soziale Kompetenz unabdingbar sind. Dafür erfreut er sich einer weiterhin zunehmenden Bedeutung, insb. auch bei kleineren und mittelständischen Unternehmen.

3.1.6   Online-Shop

Online Busi-
ness

Als IT-Professional sind Sie natürlich auch versiert in der Nutzung des Mediums Internet und somit in der Lage, seine Vorteile effektiv zu nutzen. Daher sind Sie auch prädestiniert, ein Business beliebiger Art aufzubauen und dafür das Internet einzusetzen. Im Wesentlichen geht es dabei um die Gestaltung eines Online-Businessmodells und den Aufbau eines Online-Shops. Es gibt zahlreiche Anbieter von Shopsystemen[8], die Sie nutzen können, wenn Sie den Shop nicht selbst programmieren wollen.

---

[8] s. dazu z.B. http://www.ecin.de/shops

Ebay

Eine sehr populäre Variante ist, seine Produkte über die Online-Handelsplattform von Ebay zu vertreiben:

> Ebay ist das größte und bekannteste Auktionshaus im Internet und wurde 1995 in San Jose, Kalifornien, gegründet. Da Ebay nur als Vermittler fungiert, muss es sich weder um den Transport noch um die Lagerung von Waren kümmern. Wer seine gebrauchte (oder auch neue) Ware über Ebay versteigert hat, sorgt selbst für den Versand. Die eigentliche Kernkompetenz von Ebay besteht daher in der Bereitstellung der Auktionsplattform.
>
> Weil Ebay früh am Start war und schnell den Status der größten Auktionsplattform im Internet erreichte, wurden auf dieser Plattform die meisten Artikel angeboten. Damit kamen immer mehr Nutzer auf die Seite, die wiederum mehr Artikel anboten. Durch diesen Schneeballeffekt hat Ebay im Bereich Internetauktionen für Privatpersonen in vielen Ländern eine fast uneinholbare Stellung erreicht. In Deutschland gelang Ebay der Markteintritt durch Aufkauf der Firma Alando, die von jungen Start-up-Unternehmern nach sorgfältiger Analyse des US-Internetmarktes mit gleichem Geschäftsmodell wie Ebay gegründet wurde.
>
> Ebay verdient durch Provisionen an jeder abgeschlossenen Transaktion zwischen Käufer und Verkäufer. Dadurch und durch die große Nutzerzahl ist Ebay eines der wenigen hochprofitablen Internet-Geschäftsmodelle. Kennzeichnend ist, dass es sich bei dem Geschäftsmodell um eine Win-win-Situation für alle Beteiligten handelt: Käufer und Verkäufer haben extrem niedrige Transaktions- und Distributionskosten und können daher einen Teil dieser eingesparten Kosten an Ebay abgeben.

Ebay-Geschäftsmodelle

Die Auktionsplattform und die Zusatzdienste von Ebay sind mittlerweile so ausgereift, dass sich ganz neue Geschäftsmodelle daraus ergeben haben: Über Ebay können auch sogenannte Powerseller ihre Waren versteigern, bzw. direkt verkaufen.

Powerseller

Um Powerseller zu werden, müssen Sie einige Voraussetzungen erfüllen. Im Wesentlichen ist das, dass Sie zahlreiche positive Bewertungen von Ihren bisherigen Verkaufs- oder Kaufpartnern bei Ebay erhalten haben und sich an die ethischen Grundsätze für die Nutzung von Ebay gehalten haben (z.B. keine Glücksspiele, kein Angebot von moralisch fragwürdigen Produkten, keine Umgehung der Gebührenstruktur von Ebay, etc.). Details dazu finden Sie unter www.ebay.de/powerseller.

Ihr Ebay-Geschäftsmodell könnte so aussehen, dass Sie die Auktionsplattform als Distributionskanal verwenden. Sie handeln mit beliebigen Produkten, die Sie dann über Ebay verkaufen. Sie sollten natürlich, um sich von der Konkurrenz absetzen zu können, einen besonderen Vorteil bieten können. In einem Online-Marktplatz ist das üblicherweise der Preis. Daher sollten Sie die Produkte, die Sie handeln, besonders günstig einkaufen oder herstellen können (siehe auch Kapitel 4.6.4).

Ihr Vorteil liegt ganz klar darin, dass Sie mit Hilfe von Ebay schlagartig Millionen von potenziellen Kunden erreichen können, und das ohne Investitionen in den Aufbau von Vertriebskanälen und mit sehr niedrigen Distributionskosten. Nachteilig ist, dass sich nicht alle Produkte für diesen Vertriebsweg eignen (siehe Kapitel 3.2.4).

Ebay-Shops

Mit den sog. Ebay-Shops (www.ebayshops.de) geht Ebay sogar noch einen Schritt weiter. Dabei wird Ihnen auf der Ebay-Plattform ein separater Shop eingerichtet, den Sie auch in Teilen frei gestalten und mit einer eigenen Webadresse versehen können. Ihre Kunden finden dann Ihre Produkte immer gebündelt in Ihrem Shop. Für diese und weitere Zusatzfunktionen gegenüber dem „normalen" Ebay-Handel fallen € 9,90 pro Monat an.

Zu bedenken ist, dass sich der Handel über Ebay nicht von einem normalen Geschäft unterscheidet, wenn man von dem Vertriebskanal absieht. Deshalb gelten natürlich hier auch alle Ausführungen zu Business Plänen, steuerlichen und rechtlichen Aspekten, etc.

Ebay als Einstieg

Der Ebay-Handel ist ein besonders guter Einstieg in die Selbstständigkeit, da er sich hervorragend für eine nebenberufliche Tätigkeit eignet. Es gibt bereits einige Bücher, die sich speziell mit dem Thema „Selbstständigkeit als Ebay-Powerseller" auseinandersetzen.[9]

Als IT-Professional haben Sie neben dem o.g. Geschäftsmodell aber noch eine weitere Möglichkeit, um von dem Erfolg von E-bay zu profitieren. Um die Nutzung von Ebay für andere Nutzer

---

[9] s. dazu Literaturverzeichnis im Anhang.

noch effizienter zu gestalten, gibt es zahlreiche „Ebay-Tools"[10]. Diese Tools ermöglichen eine komfortable Veröffentlichung der Artikel oder sogar die komplette Steuerung des Verkaufsprozesses, z.B. mit automatisch generierten E-Mails, Rechnungen und Lieferscheinen, einem integrierten Mahnwesen und Online-Banking-Funktionalität.

Ihre Chance als IT-Profi könnte nun darin liegen, ebenfalls ein „Ebay-Tool" zu entwickeln und zu vermarkten. Dazu ist es natürlich notwendig, dass Sie sich sehr gut mit Ebay und dem Käufer- bzw. Verkäuferverhalten auskennen.

3.1.7 Verdienst

Nicht zu vernachlässigen ist natürlich die Frage, was Sie als Selbstständiger in der IT verdienen können.

Faktoren für den Verdienst

Da das Projektvolumen oder der Stundensatz immer mit dem Auftraggeber ausgehandelt wird, lässt sich hier natürlich keine verbindliche Aussage treffen. Der Verdienst hängt von vielen Faktoren ab, so z.B. der Region, in der Sie arbeiten, Ihrer Erfahrung und Ihrem Spezialgebiet, Bildungsabschluss, etc. Unter www.gulp.de, einem Portal für IT-Selbstständige, finden sich viele Referenzbeispiele. Dort gibt es auch ein Berechnungstool, dass auf Basis Ihrer Angaben aus 45.000 gespeicherten Profilen von IT-Freiberuflern einen Annäherungswert berechnet.

Folgende Beispiele dienen z.B. als Muster für die zugrundeliegenden Profile:

---

[10] http://www.ebay.de/verkaeufer-tools

Abbildung 3:
Profile

Tätigkeitsbeschreibung	Stundensatz in €	Alter	IT-Erfahrung in Jahren
Lotus Notes / Domino Administrator / Teamleiter / Projektleiter	75	36	6
SW-Entwicklung für Embedded/Echtzeit-Systeme	60	31	7
Projektleiter/Berater für Anwendungsentwicklung und Content-Management-Lösungen	70	34	6
Web-Entwickler	38	36	7
Softwareentwickler MS-Access-Datenbankanw., wissenschaftl. techn. Problemstellungen	55	31	7
Softwareentwickler Java, C++	55	29	4
Spezialist Tivoli Systems-Management: Framework, TEC, Event-Management, Distributed Monitoring, Databases	75	34	7
IT-Consultant: Beratung und Administration, Support, Interface-Management	60	30	4

Ebenfalls finden Sie in dem gut sortierten Web-Portal von www.gulp.de Infos über die statistische Verteilung der Stundensätze (nach Regionen, Berufserfahrung, etc.). Eine anschauliche Darstellung zeigt den Verlauf der Honorare in den letzten Jahren:

Abbildung 4:
Historischer
Verlauf

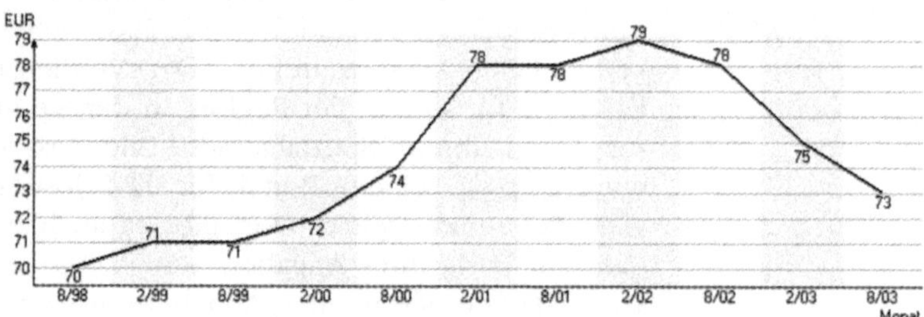

Es zeigt sich, dass der Großteil der Stundensätze in der Region um € 70 liegt und bei nachweislich längerer IT-Erfahrung steigt. Diese Werte können jedoch nur Anhaltspunkte, aber keine verbindlichen Aussagen darstellen.

Darüber hinaus finden Sie bei Gulp auch eine umfangreiche Datenbank mit zahlreichen Projektangeboten. Gulp hat nach eigenen Angaben bereits 130.000 IT-Projekte vermittelt.

Was Ihre Verhandlungen mit dem potenziellen Auftraggeber betrifft, so sollten Sie den Kunden natürlich nicht fragen, welchen (Dumping-)Preis er bereit ist zu zahlen, sondern Sie benennen Ihren Preis. Das könnte z.B. ein Basispreis sein, der um kalkulierbare und nachvollziehbare Projektkomponenten zu einem Fixpreis ergänzt wird. Darüber hinaus müssen Sie noch Ihren Aufwand verrechnen (Spesen, wie Hotel- oder Reisekosten). Das ist jeder Auftraggeber bereit zu zahlen, wenn Sie als glaub- und vertrauenswürdiger Geschäftspartner auftreten und transparent arbeiten. Es dürfte auch selbstverständlich sein, dass Zusatzleistungen extra berechnet werden müssen.

3.2   Nutzen Sie das Internet!

Bei den zahlreichen Geschäftsmodellen, die Ihnen als IT-Professional offen stehen, werden Sie häufig mit den Möglichkeiten des Internets konfrontiert werden. Es kann Ihnen helfen, Ihre Produkte und Dienstleistungen besser zu vermarkten.

Im Folgenden wird auf die Vorteile des E-Commerce hingewiesen. Dort soll aufgezeigt werden, warum es generell sinnvoll ist, das Internet zu einem festen Bestandteil des Geschäftsmodells zu machen.

Wachstum durch das Internet

Der Grund liegt darin, dass das Internet auch kleineren Unternehmen große Wachstumschancen ermöglicht. Das Internet hat die Regeln des Marktes neu geschrieben. Nicht mehr nur die Unternehmen, die über lange Jahre gewachsen sind, haben heute Marktmacht. Auch die kleinen Unternehmen mit wenigen Angestellten können durch das Internet im Markt erfolgreich mitspielen. Es ermöglicht ihnen Wachstum in kurzer Zeit.

Bevor wir uns einer Übersicht über die generellen Vorteile einer Nutzung des Internet zuwenden, soll im folgenden Abschnitt erörtert werden, warum Wachstum für ein Unternehmen wichtig ist und wie es erreicht werden kann.

3.2.1   Wachstumsstrategien

Warum sollten Sie mit Ihrem Unternehmen überhaupt nach Wachstum streben?

Wachstumsstrategien

Die Bedeutsamkeit des Wachstums für Ihr Unternehmen liegt darin begründet, dass es der langfristigen Rentabilitäts- und damit Existenzsicherung des Unternehmens dient. Die Gewinnmaximierung als Grundlage Ihrer Existenzsicherung stellt das ursprüngliche Motiv für Ihr unternehmerisches Handeln dar. Denn warum sollten Sie sonst ein Unternehmen gründen und führen, um nicht damit Geld zu verdienen? Sie können mit Ihrem Unternehmen durch eine Verstärkung der bisherigen Aktivitäten oder des Angebots von neuen Leistungen wachsen. Dazu zählt das Angebot Ihrer Produkte im Internet. Dem Angebot von neuen Leistungen kommt hierbei eine vorrangige Bedeutung zu, da durch eine Intensivierung bestehender Aktivitäten ein Unternehmenswachstum im Allgemeinen nur in beschränktem Maße möglich ist.

Ausprägungen

Die potenziell möglichen Ausprägungen einer Wachstumsstrategie können in einer Matrix zusammengefasst werden, welche die einzelnen Strategien danach klassifiziert, ob bekannte oder neue Märkte mit alten oder neuen Produkten versorgt werden.[11]

Abbildung 5 :
Produkt-
Markt-Matrix

Produkte / Märkte	bestehende	neue
bestehende	Marktdurchdringung	Produktentwicklung
neue	Marktentwicklung	Diversifikation

Auswahl der
Strategie

Was steht für Sie und Ihr Unternehmen im Vordergrund? Die Beantwortung dieser Frage führt Sie zur der richtigen Auswahl der entsprechenden Strategie.

Alternativen

Die Strategie der *Marktdurchdringung* sieht eine Intensivierung der Unternehmensaktivitäten vor, während die übrigen eine Ausweitung der Unternehmensaktivitäten zum Ziel haben. Der *Diversifikation* kommt aufgrund des erheblichen Wandels in Ihrer Unternehmensstruktur und der damit verbundenen Anforderungen die größte Bedeutung zu und sie stellt die größte Herausforderung dar.

---

[11] Vgl. Ansoff, H. I.: Management-Strategie, S. 132.

Marktdurchdringung

Produktposi-
tionierung

Von Marktdurchdringung wird dann gesprochen, wenn Sie mit Ihrer derzeitigen Produktpalette bestehende Märkte weiter ausbauen wollen. Das oberste Ziel ist dabei die Erhöhung des Marktanteils. Sie versuchen, die Produkte stärker am Markt zu positionieren, um bisherige Nichtkäufer und Konsumenten von Konkurrenzprodukten als Kunden zu gewinnen, bzw. die Kaufrate der bisherigen Kunden zu erhöhen. Das kann besonders durch verstärkte Werbung und attraktive Preispolitik geschehen. Sie verfolgen diese Strategie, wenn Sie einen Internet-Auftritt zusätzlich zum bestehenden Geschäftsmodell einsetzen: Sie versuchen den Teil Ihrer Zielkundengruppe anzusprechen, den Sie bisher nicht erreichen konnten. Auch können Sie Ihren bestehenden Kundenstamm auf Ihr Internet-Angebot aufmerksam machen und so evtl. die Kaufrate erhöhen.

Marktentwicklung

Stärkung der
Markt- und
Vertriebsakti-
vitäten

Im Rahmen der Marktentwicklung strebt Ihr Unternehmen eine Ausweitung des Vertriebs des bisherigen Produktsortiments auf noch nicht erschlossene Märkte an. Dabei sollten Sie die Produkte oder Dienste üblicherweise leicht modifizieren, um den Kundenbedürfnissen auf den neuen Marktsegmenten entgegenzukommen. Die neuen Märkte können Sie primär durch intensivere Vertriebspolitik und Marketinganstrengungen erschließen. Im Internet, wo die ganze Welt Ihr Markt ist, wird darunter das Ansprechen neuer Zielkundengruppen verstanden. Typisch ist diese Strategie für etablierte Unternehmen, die das Internet als neuen Vertriebskanal nutzen wollen, um ihren Marktraum auszudehnen.

Produktentwicklung

Ausbau der
Produktpalette

Unter Produktentwicklung wird der Absatz von neuen Produkten und Produkttypen bei Ihren bisherigen Zielkunden verstanden. Innerhalb dieser Strategie kann unterschieden werden zwischen der *Sortimentserweiterung*, bei der neben den bisherigen Produkten zusätzlich neue vertrieben werden, und der *Produktsubstitution*, bei der neue Produkte die alten ersetzen. Zusätzlich gilt, dass Sie die neuen Produkte weiterhin auf denselben Kanälen vertreiben und dieselben Kunden wie bisher sie kaufen.

Diversifikation

Neue Pro-
dukte und
neue Märkte

Den bisher genannten drei Alternativen der „Expansion", welche
eine einheitliche Tendenz in Form gemeinsamer Zielkundengruppen oder Produktarten aufweisen, steht die Diversifikation
gegenüber. Im Rahmen der Diversifikation bieten Sie neue Produkte auf neuen Märkten an. Das erfolgt dadurch, dass Sie z.B.
ein Produkt speziell für das Internet entwickeln und auch nur
dort vertreiben.

3.2.2   Internet und E-Commerce

Bedeutung
des Internets

Da das Internet integraler Bestandteil des Wirtschaftslebens
geworden ist, ist es insb. für Existenzgründer in der IT-Branche
unabdingbar, es zu beherrschen und seine Vorteile zu nutzen.

Statistik

Im September 2002 hatten ca. 605 Millionen Menschen einen
Zugang zu diesem Netzwerk, das in nahezu jedem Land der Welt
verfügbar ist. Die Schätzungen verschiedener Studien variieren
extrem, da aufgrund der Dezentralität des Internets eine genaue
Anwenderzahl nicht zu ermitteln ist. Eine Quelle ist der Internet-
Informationsdienst *NUA*, welcher ständig aktuelle Zahlen aus
verschiedenen Quellen aufbereitet (www.nua.ie/surveys/
how_many_online/index.html).

Regionale
Aufteilung

Demnach gliedert sich die Zahl der User im September 2002 wie
folgt auf (Vergleichswerte von Februar 2000 in Klammern):

Welt gesamt	605 Millionen (275 Millionen)
Afrika	6,31 Millionen (2,46 Millionen)
Asien/Pazifik	187,24 Millionen (54,90 Millionen)
Europa	190,91 Millionen (71,99 Millionen)
Mittlerer Osten	5,12 Millionen (1,29 Millionen)
Kanada & USA	182,67 Millionen (136,06 Millionen)
Südamerika	33,35 Millionen (8,79 Millionen)

Die historische Entwicklung der Internetnutzer sehen Sie in folgendem Diagramm[12]:

Abbildung 6:
Entwicklung
der Internet-
Nutzer

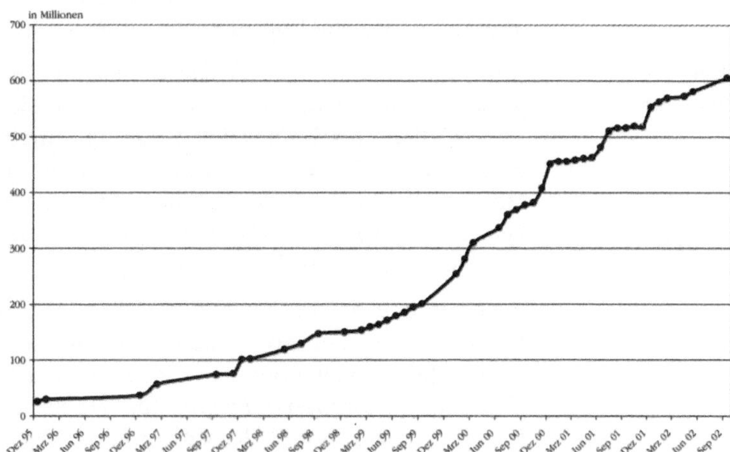

Weitere demografische Daten und Informationen über die Entwicklung des E-Commerce in Deutschland, die Sie eventuell für Ihren Business Plan verwenden können, finden Sie u.a. unter folgenden Adressen im Netz:

http://www.gfk.de (Gesellschaft f. Konsumforschung)

http://www.mediendaten.de (Mediendaten Südwest)

http://www.w3b.de (Fittkau + Maaß)

http://www.ems.guj.de/marktforschung (Gruner & Jahr)

Eine Untersuchung von Fittkau & Maaß im Mai 2003 brachte u.a. zu Tage, dass die Mehrheit der Internet-Nutzer heute fast täglich (an 6 oder 7 Tagen pro Woche) online ist. Seit Herbst 1996 ist der Anteil dieser Personen von 35% auf 70% gestiegen.

Das Internet ist zu einem festen Bestandteil des täglichen Lebens geworden: Über 80% der deutschsprachigen Anwender wollen auf das Internet keinesfalls mehr verzichten, bzw. räumen ihm zumindest einen wichtigen Platz im täglichen Leben ein.

Definition E-
Commerce

Gleiches gilt für E-Commerce. Unter E-Commerce wird allgemein die „elektronisch realisierte Anbahnung, Aushandlung und Abwicklung von Geschäftransaktionen zwischen Wirtschaftssub-

---

[12] Quelle: NUA Ltd. (leicht modifiziert).

jekten über Telekommunikationsnetzwerke"[13] verstanden. Diese theoretische Definition besagt im Prinzip nichts anderes, als dass E-Commerce der Verkauf von Waren und Dienstleistungen, mit allem was dazu gehört, über das Internet ist.

Formen des E-Commerce

Im einfachsten Fall kann damit auch der Austausch von E-Mails gemeint sein. Etwas professioneller handelt es sich dabei um eigenständige Geschäftmodelle, die erst durch das Internet ermöglicht werden. Dabei ist E-Commerce mehr als die Erstellung einer Homepage für das Unternehmen. Es geht um die Integration der Geschäftsprozesse in das neue Medium, bzw. die Unterstützung der Prozesse durch das Internet.

Einzelhandelsumsätze

E-Commerce hat in den letzten Jahren einen vollkommen neuen Markt geschaffen. Aber auch hier gilt, dass die Prognosen der letzten Jahre weit über das Ziel hinausschossen: 1999 sagte das *Electronic Commerce Forum* für Deutschland für 2003 einen Handelsumsatz von € 20 Mrd. voraus, der Deutsche Multimedia Verband prognostizierte bereits für 2001 € 25 Mrd. Tatsächlich wurden 1999 0,25% der Einzelhandelsumsätze online erwirtschaftet, 2002 waren es bereits mehr als 1,5%. Das Gesamtvolumen soll sich 2002 nach Schätzungen des *Hauptverbands des Deutschen Einzelhandels (HDE)* auf etwa € 8,5 Mrd. belaufen haben und für 2003 werden € 11 Mrd. erwartet. Der Online-Anteil am deutschen Versandhandel liegt inzwischen bei knapp neun Prozent. Zwar lassen sich die hohen Wachstumsraten der Vergangenheit nicht mehr erzielen, dennoch dürften sie in den nächsten Jahren immer noch im zweistelligen Bereich liegen.

Die Prognosen der zukünftigen Entwicklung sind etwas moderater geworden als in der Vergangenheit. Dies liegt daran, dass jetzt die Prognosen der letzten Jahre, als noch keine Erfahrungswerte vorlagen, mit der tatsächlich eingetretenen Entwicklung verglichen werden können. Die schmerzhaften Erfahrungen durch den Zusammenbruch der New Economy im Jahr 2000 haben sicherlich ihr Übriges dazu beigetragen die Euphorie etwas zu bremsen.

Allerdings gehen die Prognosen der verschiedenen Institute weit auseinander. Auch fällt auf, dass heute kaum noch Prognosen verfügbar sind, die über mehr als zwei Jahre in die Zukunft blicken.

---

[13] Schroder, D. / Strauß, R.E.: „Electronic Commerce"; in: „Business Multimedia" v. M. Brossmann u. U. Flieger, S. 51-66.

Dieser Trend hat allerdings nicht nur Auswirkungen auf den Handel. Auch andere Industriezweige profitieren davon. Nach den wilden Anfangsjahren des E-Commerce ist die Euphorie verflogen und die „Rückkehr zur Normalität" eingeleitet.

3.2.3   Vorteile des Internets für Ihr Business

An dieser Stelle sollen die Vorteile eines Internet-Business gegenüber einem herkömmlichen Geschäft aufgezeigt werden. Dabei ist es unerheblich, ob das „Offline"-Geschäft schon besteht oder nicht. Mit Internet-Business bzw. Online-Shop (wie z.B. einem Ebay-Shop) ist im weiteren Sinne natürlich auch die Internet-Präsenz z.B. eines IT-Beraters gemeint.

Nicht umsonst gehören Online-Shops und die Entwicklung des elektronischen Handels am Anfang des 21. Jahrhundert zu den meist diskutierten Themen der Wirtschaft.

Die Vorteile für Sie und Ihre Kunden liegen hauptsächlich in den Bereichen Marketing, Vertrieb und Auftragsabwicklung. Dieses wollen wir uns nun näher anschauen.

Gründe des Erfolges

Die Gründe liegen auf der Hand: Allgemein bietet ein Online-Shop die Möglichkeit der Umsatzausweitung, der Kosteneinsparung und der Erhöhung der Kundenzufriedenheit.

Weltweite Präsenz

⇨ **Weltweite Präsenz:** Mit Ihrem Angebot im Internet sind Sie nicht nur in Ihrer örtlichen Umgebung, sondern weltweit erreichbar. Das Internet kennt keine Grenzen. Sie können somit auf einen Schlag Millionen von Leuten in der ganzen Welt erreichen. Und wenn unter diesen Millionen von Leuten ein Bruchteil zu Ihren potenziellen Kunden gehört, und davon wiederum nur ein Bruchteil bei Ihnen kauft, dürfte sich die aktive Nutzung des Internets schon gelohnt haben.

Produktwerbung

⇨ **Produktwerbung:** Sie können durch eine direkte, informationsreiche und interaktive Kommunikation mit potenziellen Kunden die Produktwerbung verstärken.

Ständige Erreichbarkeit

⇨ **Ständige Erreichbarkeit:** Ihr Online-Shop ist 24 Stunden am Tag, 7 Tage die Woche geöffnet. Das Internet kennt keine gesetzlichen Ladenöffnungszeiten. Sie können Ihren Kunden mit einem Online-Shop den Service bieten, rund um die Uhr mit Fragen an Sie heranzutreten oder bei Ihnen einzukaufen. Diesen Service können Sie bei den herrschenden Gesetzen zu Ladenöffnungszeiten mit keinem Ladenlokal bieten.

Kundenservice

⇨ **Kundenservice:** Durch die ständige Erreichbarkeit und die zusätzlichen Informationen über Ihr Produkt im Netz können Sie den Kundenservice und die Kommunikation mit dem Kunden stark verbessern.

Schnellere
Bearbeitung

⇨ **Schnellere Bearbeitung** der Bestellung: Zwar kann der Kunde, der in einem Ladenlokal einkauft, die Ware sofort mitnehmen – sofern sie vorrätig ist – doch mit einem Online-Shop lassen sich die dazugehörigen Prozesse weitestgehend automatisieren. Da der Kunde elektronisch bestellt, können seine Daten elektronisch weiterverarbeitet werden. Die Bestellung lässt sich – anders als in einem herkömmlichen Geschäft – in die anderen Prozesse integrieren. Bestellt der Kunde z.B. eine Ware, die momentan nicht im Lager ist, so kann eine automatische Bestellung Ihrerseits bei Ihrem Lieferanten erfolgen. Ebenso lässt sich die Rechnung für den Kunden automatisch bei der Bestellung ausdrucken, ohne, dass Handlungen von Ihnen nötig sind.

K(l)eine
Lagerhaltung

⇨ **K(l)eine Lagerhaltung:** Dieser Vorteil geht einher mit dem vorher genannten. Da Sie kein Ladenlokal haben, brauchen Sie auch keine Produkte auszustellen oder ein Warenlager zu führen. Die Bestellung des Kunden können Sie an den Großhändler weiterleiten, der – wenn möglich – die Ware direkt an den Kunden, die Rechnung aber an Sie schickt.

Höhere
Kunden-
bindung

⇨ **Höhere Kundenbindung:** Wenn ein Kunde bei Ihnen bestellt hat und zufrieden war, dann stehen die Chancen gut, dass er das nächste Mal dieses Produkt oder diese Dienstleistung wieder bei Ihnen bestellen wird. Er hat erkannt, dass es einfach ist und problemlos funktioniert. Darüber hinaus können Sie das Konsumverhalten des Kunden genau analysieren und ihm speziell auf ihn abgestimmte Angebote unterbreiten (One-to-One-Marketing). Ebenso können Sie ihm z.B. nach einer bestimmten Anzahl von Bestellungen oder nach Überschreiten einer bestimmten Einkaufssumme eine kleine Aufmerksamkeit zukommen lassen.

Kosten-
einsparungen

⇨ **Kosteneinsparungen:** Die bisher genannten Punkte zielen indirekt auf eine Kosteneinsparung ab, doch es gibt auch eine direkte Kostenersparnis in einem Online-Business – die Personalkosten. In einem Ladenlokal müssen Sie Angestellte haben, die die Kunden bedienen. Dieses entfällt bei einem Online-Shop. Viele der erfolgreichen und auch umsatzstarken E-Commerce-Unternehmen beschäftigen nur eine Handvoll Angestellte. Sie sollten darauf achten, dass mit Ihrem Team sowohl die kaufmännische als auch die technische Seite abgedeckt wird.

Kundenvorteile

Für Ihre Kunden liegen die Vorteile darüber hinaus in einem erhöhten Service und einer höheren Informationstransparenz. Konkrete Vorteile sind u.a.:[14]

⇨   Rund um die Uhr aktuelle Produktinformationen

⇨   Aktuelle Preise

⇨   Einfache Bestellungen

⇨   Einfacher Zugang zum Lieferanten

⇨   Transparenz von Lagerbestand und Lieferstatus

⇨   Schnelle und hochwertige Serviceinformationen

Wettbewerb

Der wichtigste Grund aber, warum Sie nicht zögern sollten, Ihr Geschäft auf das Internet auszudehnen, ist Ihre Konkurrenz. Ihre Wettbewerber werden auch nicht mit verschlossenen Augen durch die Welt gehen, sondern ähnliche Aktivitäten umgesetzt haben. Ihre Präsenz im Internet (die über eine Homepage hinausgeht) wird sich positiv auf Ihr Image auswirken — und wer zuerst kommt, der bekommt das größte Stück vom Kuchen ...

Fiktives Statement

Nicht vorenthalten möchte ich Ihnen an dieser Stelle ein (fiktives) Statement[15] von Dr. Y.U. Dite, CEO der Firma SadCo. Es wurde 1998 verfasst und sollte die Situation im Jahr 2003 beschreiben:

> "Looking back I think it all began back in 1998/1999. We had heard so much about eCommerce and the so-called 'eEconomy' but we weren't really convinced. Of course we could see its long-term importance, but European markets just didn't seem ready. To be frank we looked at it as an issue in isolation, not as part of the solution to all of the other challenges we were dealing

---

[14] Siehe auch: Reim, F.: "Anbieterstrategien im World Wide Web"; in: "Business Multimedia" v. M. Brossmann u. U. Flieger, S. 41-50.

[15] aus: „eCommerce and the Future for Europe", Report von Andersen Consulting, August 1998.

with. And we wanted someone else to make the first move. Taking eCommerce on board meant having to take on lots of difficult issues, trying new things, accepting occasional failures, changing how we went to market, asking our people to be very flexible. It all seemed very risky and coping with the Euro was difficult enough. So – we established a corporate Internet site and that was all.

Then we started to find it harder to compete with businesses from the rest of the world. Not in eCommerce you understand – just regular business. They and their suppliers seemed to be able to move faster and produce at lower cost. As time went by, – we started to lose some of the wealthiest and most sophisticated customers – eventually we realized they were buying from our US competitors over the Internet. When the spread of digital television and 'mobile phone commerce' and a mass of other cheap Internet connections brought the development of a mass market, we were already so far behind overseas competitors that we had to make a massive investment to try and catch up. We never really did. There wasn't enough time. The pace and scale of change was just too great.

The situation's going to improve a lot now of course. We may be smaller, we may have seen lots of jobs go due to our loss in competitiveness, but now that we have our new alliance with US Co – well, you could call it a takeover, I suppose – I am sure we'll be able to shelter under their brand, and help them adapt a bit better to working in our language. Back in 1998 I never would have thought that someone in their industry would be interested in us.

In the beginning we thought it was too risky to change. Now I realize it was too risky not to."

Mit dem Wissen von heute, aus dem Jahr 2003, ist es natürlich amüsant zu lesen, welche Bedeutung dem Internet und E-Commerce 1998 bemessen wurde. Vergleichbar mit George Orwells Roman „1984" ist natürlich nicht alles so eingetreten, wie prognostiziert — aber es kommt hierbei nicht auf die Einzelheiten, sondern auf die grundlegende Richtung an.

3.2.4   Was können Sie über das Internet verkaufen?

Geschäftsan-
bahnung und
-abwicklung

Grundsätzlich lässt sich per E-Commerce alles über das Internet verkaufen. Die einzige Einschränkung bildet die zugrunde gelegte Definition von E-Commerce. Zählt es schon zum E-Commerce, wenn der Kunde auf den Internet-Auftritt eines IT-Beraters aufmerksam wird und daraufhin mit ihm in Kontakt tritt und ein Vertrag zustande kommt? Oder ist E-Commerce nur, wenn auch wirklich der Bestell- und Zahlvorgang im Internet vollzogen wird? Im ersten Fall, der weiteren Auslegung von E-Commerce, ist der Vertrag auf Grund Ihrer Internet-Präsenz zustande gekommen, im zweiten erfolgten zusätzlich noch Geschäftstransaktionen über das Internet. Wichtig für uns ist nur, dass überhaupt ein Geschäft mit Hilfe des Internets zustande kommt.

Waren vs. Dienstleistungen

Bei den Produkten, die Sie über das Internet verkaufen können, muss zwischen Gütern und Dienstleistungen unterschieden werden. Im Gegensatz zu Gütern sind Dienstleistungen gekennzeichnet durch:

Lokale Gebundenheit

Lokale Gebundenheit: Eine Dienstleistung kann üblicherweise nur in Anwesenheit oder nach persönlichem Kontakt des Kunden erfolgen (Bsp.: Friseur, IT-Beratung). Waren dagegen können versandt werden.

Menschliche Arbeit

Menschliche Arbeit: Eine Dienstleistung wird in der Regel mit einem hohen Anteil an menschlicher Arbeitsleistung erbracht, Waren können automatisch hergestellt werden (Bsp.: Arztbesuch).

Intangibilität

Intangibilität: Eine Dienstleistung kann nicht berührt werden (das Ergebnis dagegen schon) (Bsp.: Steuerberatung / Steuererklärung), eine Ware ist physisch.

Zeitbezug

Zeitbezug: Eine Dienstleistung dauert und beansprucht Zeit, Ware ist dagegen zeitunabhängig verfügbar (Bsp.: Reinigung)

Problematik

Aus dieser Gegenüberstellung von Waren und Dienstleistungen wird erkennbar, dass sich Dienstleistungen *scheinbar* nur äußerst schlecht für den Verkauf über das Internet eignen. Da der Dienstleistungssektor aber immer stärker an Bedeutung gewinnt, sollte eine Synthese zwischen Dienstleistungen und E-Commerce versucht werden.

Unterstützung der Geschäftsanbahnung

Sie können Dienstleistungen hervorragend im Netz anbieten und dort die Geschäftsanbahnung unterstützen. Die Geschäftsabwicklung erfolgt, wie oben gezeigt, meist persönlich beim Kunden. Zu der Geschäftsanbahnung gehört im einfachsten Fall eine gute Beschreibung Ihres Services und Angebotes sowie die Möglichkeit, mit Ihnen in Kontakt zu treten. So kann z.B. ein IT-Berater sein Know-how-Profil, Kontaktdaten, Referenzen und Presseerwähnungen im Internet veröffentlichen.

Integration des Internets

In Erweiterung kann er das Internet in sein Geschäft integrieren und z.B. seine Messeplanung web-fähig machen. So haben Kunden dann die Möglichkeit, z.B. zu sehen, wann er auf welchen Messen ist und können mit ihm Termine vereinbaren.

Automatische
Abwicklung

Dienstleistungen, bei denen der Verkäufer nicht direkt mit dem Kunden in Kontakt treten muss und die elektronische und automatische Abwicklung Vorteile bieten kann, eignen sich am Besten für den Verkauf im Internet. Z.B. haben sich die Buchungen von Flügen und Reisen im Internet zu einem Standardgeschäft entwickelt. Sie können sich bequem von zu Hause einen freien Flug heraussuchen und das Ticket kann Ihnen zugeschickt werden. Einige Billig-Fluggesellschaften bieten bereits nur noch diese Möglichkeit der Flugbuchung an.

Waren

Schaut man sich die Waren dagegen an, so fällt auf, dass diese sich anscheinend besser für eine Komplett-Abwicklung via Internet eignen. Waren lassen sich rund um die Uhr ordern, sie können zeitunabhängig von der Bestellung produziert und ausgeliefert werden und sie sind lagerfähig. Damit ist ein Abwicklungsprozess möglich, der unabhängig vom Kunden erfolgt. Der Kunde hat nur zweimal mit dem Unternehmen zu tun: bei der Bestellung und beim Empfang der Ware.

Abbildung 7:
Web-Auftritt
Kloster Andechs

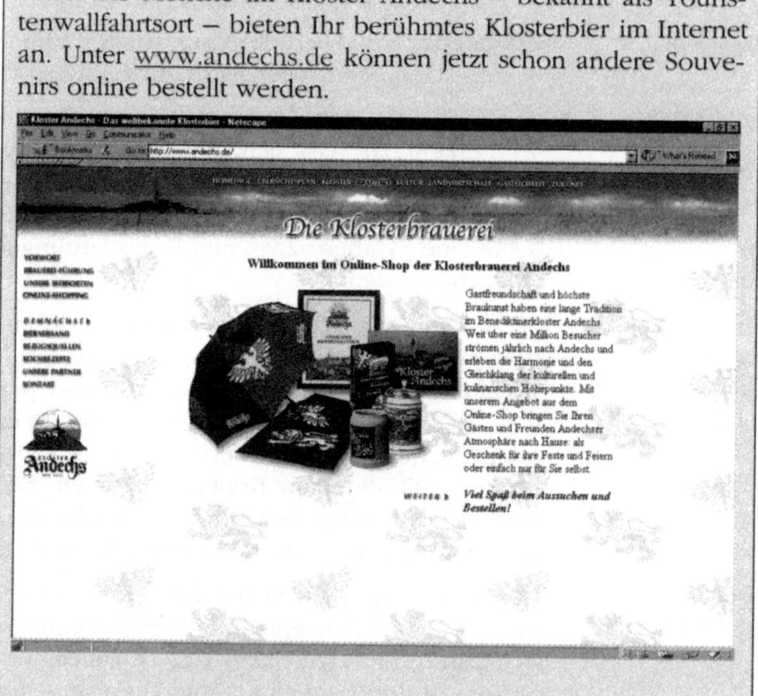

Selbst die Mönche im Kloster Andechs – bekannt als Touristenwallfahrtsort – bieten Ihr berühmtes Klosterbier im Internet an. Unter www.andechs.de können jetzt schon andere Souvenirs online bestellt werden.

Rationale Kaufentscheidungen	Nicht alle Waren eignen sich für den Verkauf via Internet. Besonders dort, wo Kaufentscheidungen nicht nur aus rationalen Gründen gefällt werden, ist eine Anbahnung per Internet nur schwerlich möglich. Bei emotionalen Produkten, wie z.B. Autos, ist der persönliche Kontakt zwischen Ware und Käufer oftmals ausschlaggebend für eine Kaufentscheidung. Gleiches gilt für große oder individuelle Waren, wie z.B. Möbel. Der Kunde möchte die Waren in natura sehen, bevor er sie kauft. Generell ist festzuhalten, dass Produkte, die die Sinne ansprechen und die der Kunde sehen, anfassen oder riechen möchte, kaum via Internet verkäuflich sind.
Regelkäufe	Waren, die ausschließlich aufgrund von Informationen gewählt werden (wie Software, CDs, PCs, etc.) oder Waren, die häufig gekauft werden (wie Lebensmittel, Blumen, Büromaterial, etc.) sind am ehesten via Internet zu verkaufen. Der Grund liegt hier in dem Produkt selbst: dem Kunden kommt es auf den Besitz der Ware an, nicht auf den Distributionsweg oder den Händler (wenn man Preisunterschiede nicht beachtet).

Die Einsatzmöglichkeiten des Internets variieren abhängig davon, um welche Art von Produkten es sich handelt.

Beratungsintensive Produkte	**Beratungsintensive Produkte** wie Beratungsprojekte oder Urlaubsreisen: Über das Internet können Sie ein Maximum an Informationen bereitstellen, für den Kunden entfällt das Wälzen von kiloschweren Katalogen. Der Kunde kann aktiv recherchieren und vergleichen. Zwar kann das Internet einen Profi-Verkäufer nicht ersetzen, aber das Beratungsgespräch kann effizienter ablaufen, wenn der Kunde bereits informiert ist und gezielt Fragen stellen kann, um etwaige Unklarheiten noch zu beseitigen.
Austauschbare Konsumgüter	**Austauschbare Konsumgüter** wie Blumen, Videokassetten, Bücher und Lebensmittel: Bei diesen Gütern braucht der Kunde keine Beratung, sondern der Preis und die Bequemlichkeit des Kaufes sind die kaufentscheidenden Kriterien. Wenn der Servicegrad höher ist, akzeptieren viele Kunden auch einen höheren Preis. Ist die Bequemlichkeit und der Service bei allen Anbietern etwa gleich hoch, so zählt der Preis als Entscheidungskriterium.
Markenartikel	**Markenartikel** wie Kleidung oder Parfüm: Wenn der Kunde Wert auf eine bestimmte Marke legt, so wird er auch bereit sein, ein paar Euro mehr dafür zu bezahlen oder auf etwas

Bequemlichkeit zu verzichten. Deshalb gelten hier ähnliche Regeln wie bei den Konsumgütern. Zudem schafft die bekannte Marke Vertrauen in der „anonymen" Welt des Internets – der Kunde erkennt das Produkt wieder.

Digitalisierbare Waren
Digitalisierbare Waren wie Ton- und Filmbeiträge, Texte, Softwareprodukte: Sie eignen sich selbstverständlich hervorragend für den Verkauf im Internet, da das Internet direkt als Distributionsmedium verwendet werden kann.

Kriterien für Produkte
Allgemein gesprochen sollte Ihr Produkt mindestens eines der folgenden Kriterien erfüllen, um sich erfolgreich über das Internet verkaufen zu lassen. Es heißt zwar nicht, dass Sie automatisch Erfolg haben, aber erfüllt Ihr Produkt keines dieser Kriterien, lässt es sich nur sehr schwer verkaufen:

Technologie
Computer-Bezug: Ihr Produkt hat in irgendeiner Art und Weise mit Computern oder IT zu tun.

Zielgruppe
Typischer Internet-Benutzer: Ihr Produkt spricht den typischen Internet-Benutzer (30-35 Jahre alt, männlich, gutverdienend) an (wobei sich der durchschnittliche Internet-Benutzer immer mehr dem Bevölkerungsschnitt annähert).

Global Sales
Geografie: Ihr Produkt ist interessant für weltweite Kundschaft

Besonderheit
Besonderheit / Sammlerstück: Ihr Produkt hat eine Besonderheit und ist außerhalb des Internets nur schwer erhältlich, oder es spricht die Sammelleidenschaft der Kunden an.

Informationen
Informationskauf: Wie oben bereits beschrieben, basiert die Entscheidung, über das Internet zu kaufen, hauptsächlich auf Informationen und ist eine rationelle Entscheidung.

Preisvorteil
Preisvorteil: Das Produkt kann über das Internet billiger oder zumindest gleich teuer bezogen werden als herkömmlich.

Zum Abschluss soll am Beispiel von Dell Computers aufgezeigt werden, welche Faktoren zum erfolgreichen Einsatz von E-Commerce beitragen:

Dell

> Der Kunde kann sich über die Homepage von Dell (www.dell.de), die als virtuelles Schaufenster fungiert, seinen Computer individuell zusammenstellen und danach online und direkt bei Dell bestellen. Dell verkauft jede Woche Waren im Wert von ca. US-$ 300 Mio. auf diese Art und Weise und hat sich als Nr. 1 im Markt etabliert.
>
> Die Gründe für diesen Erfolg sind:
>
> 1. Dell ist eine bekannte und hochwertige PC-Marke.
> 2. Dell bietet ein gutes Preis-/Leistungs-Verhältnis.
> 3. Dell beherrscht das Instrumentarium des Direktmarketings.
> 4. Dell hat ein ausgefeiltes und funktionierendes Logistik-system.
> 5. Dell bietet Waren für die größte Zielgruppe im Internet.
> 6. Dell bietet dem Kunden mit der virtuellen Filiale einen guten Service.
> 7. Dell liefert schneller als andere.
> 8. Dell hat ein komfortables Bestellsystem.
> 9. Dell bietet dem Kunden eine selbstgestaltbare Wunsch-konfiguration für den PC.

4 Gründung der Firma

Mit diesem Kapitel verlassen wir das Thema E-Commerce und wollen uns mit der Firmengründung beschäftigen.

Dieses Kapitel zielt nicht speziell auf die Gründung eines Internet- oder IT-Business ab. Es betrifft vielmehr die Gründung eines jeden Unternehmens. Denn es gibt gewisse Grundregeln, die jedes Unternehmen, unabhängig vom Geschäftsmodell, betreffen.

Dennoch wird bei den folgenden Ausführungen an einigen Stellen – wo es sinnvoll ist – speziell auf die zu beachtenden Besonderheiten bei der Gründung eines Unternehmens in der IT-Branche eingegangen.

Die erläuterten rechtlichen und wirtschaftlichen Fragestellungen, die bei einer Existenzgründung zu beachten sind, sind von großer Bedeutung für den Erfolg Ihres Unternehmens.

Haben Sie eine Idee, ein Produkt, aber noch kein Unternehmen, so sind die folgenden Abschnitte von höchster Bedeutung für Sie. Ohne ein organisiertes Vorgehen zur Herstellung und zum Vertrieb Ihres Produktes oder Ihrer Dienstleistung – und im Endeffekt stellt ein Unternehmen ja nichts anderes dar – werden Sie auf Dauer nicht erfolgreich am Markt agieren können.

Sie werden sehen, dass es verschiedene Entscheidungen zu treffen gilt, auch einige Behördengänge zu tätigen sind, bis Ihr Unternehmen gegründet ist. Viele Existenzgründer legen auf die formellen Rahmenbedingungen, die eine Unternehmensgründung erfordert, wenig Wert. Das ist auch nur allzu verständlich, denn „man möchte ja endlich loslegen". Trotzdem werden sich Fehler oder unüberlegte Entscheidungen langfristig negativ auf Ihren Unternehmenserfolg auswirken.

Sehr deutlich wird das beim Thema Business Plan. Der Business Plan grenzt die gravierendsten Fragestellungen, die bei einer Unternehmensgründung auftauchen, gegeneinander ab und versucht, Antworten zu geben. Niemand ist gezwungen – sofern er nicht von potenziellen Kapitalgebern, die einen Überblick über das Vorhaben bekommen wollen, dazu aufgefordert wird – einen Business Plan aufzustellen. Er ist aufwändig und kostet viel

Zeit und Mühe. Aber der unschätzbare Vorteil ist, dass Sie sich selbst auf viele Stolpersteine aufmerksam machen und Ihre Ideen für die langfristige Entwicklung des Unternehmens schriftlich fixiert haben. Sie werden sich bewusst darüber, was Sie eigentlich planen.

Den Abschnitt Business Plan wollen wir dazu nutzen, die größten Herausforderungen und mögliche Probleme, die eine Existenzgründung mit sich bringt, exemplarisch aufzuzeigen und Lösungsansätze zu bieten.

Gleichzeitig werden dabei einige grundlegende betriebswirtschaftliche Sachverhalte erörtert, die Sie zur wirtschaftlichen Führung Ihres Unternehmens kennen sollten.

4.1   Gewerbeanmeldung oder Freiberuflichkeit

Behörden

Wenn Sie sich selbstständig machen wollen, so sind einige Behördengänge und Formulare notwendig, bis Sie endlich Ihr eigenes Unternehmen besitzen. Diese Schritte sind erforderlich, damit der Staat einen Überblick über die Entwicklung der Wirtschaft behalten kann und die Unternehmensgründungen in „geordneten Bahnen" verlaufen. Die daraus gewonnenen Erkenntnisse werden als Grundlage der staatlichen Wirtschaftspolitik verwendet.

Gewerbeamt

Jedes neue Unternehmen muss beim örtlichen Gewerbeamt angemeldet werden, sofern Sie nicht freiberuflich tätig werden (s. unten). Dort müssen Sie ein Formular ausfüllen, das Fragen zur Person sowie Gegenstand des Gewerbes beinhaltet. Diese Prozedur dauert etwa 30 Minuten und kostet zwischen € 15 und € 25 (variiert von Gemeinde zu Gemeinde). Danach halten Sie Ihren Gewerbeschein in den Händen.

Weitere Institutionen

Haben Sie Ihr Gewerbe angemeldet, so informiert das Gewerbeamt automatisch die folgenden Behörden bzw. Organisationen:

❑ **Finanzamt:** Sie bekommen vom Finanzamt in den folgenden Tagen ein Formular mit Ihrer Steuernummer zugeschickt. Mit diesem Formular fragt das Finanzamt Ihren voraussichtlichen Umsatz und Gewinn ab. Daraus berechnet sich Ihre monatlich abzuführende Umsatzsteuervorauszahlung. Gerade zu Beginn Ihrer unternehmerischen Tätigkeit sind vorsichtig gewählte Werte sicherlich angebracht, da die laufende Umsatzsteuerbelastung dann entsprechend geringer ausfällt. Am Ende des Jahres wird ohnehin genau abgerechnet. Ebenfalls in diesem Formular müssen Sie angeben, ob Sie zur Umsatzsteuerbefreiung optieren möchten oder nicht (siehe Exkurs „Besteuerung von Kleinunternehmen" auf Seite 54).

❑ **Industrie- und Handelskammer:** Sie werden Zwangsmitglied in der örtlichen IHK und müssen dort den Mitgliedsbeitrag abführen, der zwischen € 25 und € 50 pro Jahr liegt. Sie erhalten als Gegenleistung die Unterstützung der IHK.

❑ **Statistisches Landesamt:** Das Statistische Landesamt wertet die Anzahl der Gewerbeanmeldungen nach Branche, Region, etc. aus und stellt diese Daten der Landesregierung zur Verfügung. Dort bilden sie eine Grundlage der Wirtschaftspolitik.

❑ **Handwerkskammer** (bei Handwerksberufen)

❑ **Handelsregistergericht**

❑ **Berufsgenossenschaft**

Anmeldung beim Finanzamt

Die sogenannten Freiberufler müssen sich nicht beim Gewerbeamt, sondern nur direkt beim Finanzamt anmelden und erhalten dort eine Steuernummer.

Prinzipiell gilt als Freiberufler, wer auf der „Grundlage besonderer beruflicher Qualifikation oder schöpferischer Begabung die persönliche, eigenverantwortliche und fachlich unabhängige Erbringung von Dienstleistungen höherer Art im Interesse des Auftraggebers und der Allgemeinheit leistet" (lt. §1 (2) Partnerschaftsgesellschaftsgesetz [PartGG]).

Katalogberufe

Das Einkommenssteuergesetz (EStG) hat dazu einen Katalog an Berufen und ähnlichen Berufen aufgelistet, die als Freie Berufe gelten. Bei Berufen, die nicht in diesem Katalog stehen, ist eine Einzelfallprüfung durch das Finanzamt notwendig. Zu den Katalogberufen zählen z.B. Ärzte, Steuerberater, Rechtsanwälte, Architekten, Ingenieure, Journalisten und beratende Betriebswirte.

Neue Freie Berufe

Darüber hinaus gibt es auch „Neue Freie Berufe", das sind Berufe, die zwar nicht im Katalog stehen, aber häufig von den Finanzämter als Freie Berufe anerkannt werden. Für Sie relevant sind hierbei z.B.: Berater Datenverarbeitung, Mediendesigner,

Bioinformatiker, Medieninformatiker, Netzwerkadministrator und Computer-Fachberater. Hieraus ist jedoch keine abschließende und verbindliche Zuordnung der Berufe zu den Freien Berufen abzuleiten. Jeder Einzelfall sollte geprüft werden.

Kriterienkatalog

Das Institut für Freie Berufe IFB (www.ifb.uni-erlangen.de) hat dazu eine Fragensammlung veröffentlicht. Können Sie alle folgenden Fragen mit JA beantworten, so kann davon ausgegangen werden, dass Ihr Beruf zu den Freien gehört.

1. Können Sie für Ihre Tätigkeit eine besondere berufliche Qualifikation nachweisen?

2. Erbringen Sie geistig-ideelle Leistungen?

3. Besteht zu den Leistungsnehmern ein gegenseitiges und auf Dauer angelegtes Vertrauensverhältnis?

4. Ist dieses Vertrauensverhältnis auf einer freien Wahlentscheidung der Leistungsnehmer begründet?

5. Erbringen Sie die Leistungen persönlich?

6. Sind Sie eigenverantwortlich tätig?

7. Sind Sie in Ihrem Unternehmen leitend tätig?

8. Arbeiten Sie fachlich unabhängig?

Leider ist es gerade im Bereich der IT immer wieder strittig, welche Tätigkeiten eine Gewerbeanmeldung erfordern und welche als freiberuflich gelten.

IT-Berater

Zunächst einmal ist es hilfreich, wenn Sie die Tätigkeit als IT-Berater, die nicht in den Katalogberufen enthalten ist, mit einem Diplom der Katalogberufe, z.B. Ingenieur oder beratender Betriebswirt, ausüben. Darüber hinaus sollten Sie überwiegend in der Systemsoftwareentwicklung, nicht in der Anwendersoftwareentwicklung, tätig sein. Hier wird vom Bundesfinanzhof (BFH) von der Überlegung ausgegangen, dass Anwendersoftware eher standardisiert, damit mehrfach verkaufbar und deshalb als handelbares Gut eingestuft wird. Dieses legt den Fokus dann nicht mehr auf die Erstellung der Software, sondern auf den Handel damit und gilt dann als Gewerbebetrieb. Aber auch hier sind die Grenzen fließend, denn das Finanzgericht Baden-Württemberg hat am 19. Mai 1999 festgestellt, dass die Unterscheidung zwischen System- und Anwendersoftwareerstellung nicht mehr aufrecht erhalten werden kann. Sie sehen also, eine individuelle Prüfung Ihres Status ist unbedingt notwendig, um eine verbindliche Aussage vom Finanzamt zu bekommen. Dabei ist es auch unerheblich, ob Sie bereits ein Gewerbe angemeldet haben oder nicht, da dieses ja nichts an Ihrer ausgeübten Tätigkeit ändert. In jedem Fall sollten Sie sich dabei von einem spezialisierten Rechtsanwalt oder Steuerberater unterstützen lassen.

Anderes gilt für Schulungen – diese gelten typischerweise als gewerbliche Tätigkeit. Ebenfalls gewerblich tätig sind Sie immer, wenn Sie Ihrem Unternehmen die Rechtsform einer GmbH oder einer anderen Kapitalgesellschaft gegeben haben. Als Gesellschaft bürgerlichen Rechts (GbR) sind Sie auch dann gewerblich, wenn nur einer Ihrer Partner eine gewerbliche Tätigkeit durchführt.

Detaillierte Informationen zur besonderen Situation der IT-Berufe finden Sie im Internet bei dem Rechtsanwalt Dr. Benno Grunewald (http://www.dr-grunewald.de).

Freie Berufe vs. Gewerbetreibende

Es ist wichtig, die Frage, ob man Freiberufler oder Gewerbetreibender ist, sorgfältig zu prüfen und zu klären. Denn das hat u.a. steuerliche und rechtliche Folgen.

Steuern

Der wesentliche Unterschied zwischen Freiberuflern und Gewerbetreibenden liegt in der Besteuerung. Freiberufler unterliegen zwar auch der normalen Einkommenssteuer, müssen aber keine Gewerbesteuer zahlen[16]. Ein Gewerbetreibender kann diese zwar teilweise auf seinen Gewinn anrechnen, ein typischer gewerbetreibender IT-Berater hat im Durchschnitt dennoch eine höhere Steuerbelastung von ca. € 1.200 im Jahr (Vgl. www.gulp.de).

Mitgliedschaften

Es gibt für einige Freiberufler (z.B. Ärzte, Architekten) Zwangsmitgliedschaften in Kammern, jedoch nicht für IT-Freiberufler. Dagegen sind alle Gewerbetreibenden in der örtlichen IHK Zwangsmitglied. Es bleibt jedem selbst überlassen, zu entscheiden, ob dieses einen Vorteil oder einen Nachteil darstellt.

---

[16] Stand: Oktober 2003

Buchführungs- und Bilanzierungspflicht

Gewerbetreibende haben eine Buchführungs- und Bilanzierungspflicht, die mit höheren Kosten verbunden ist. Entweder wird sie eigenständig erledigt, was Mühe und Zeit (und damit auch Geld) kostet oder an einen Steuerberater abgegeben, was ebenfalls Geld kostet. Allerdings darf nicht übersehen werden, dass die Buchführungs- und Bilanzierungspflicht zu Transparenz und Kontrolle im Unternehmen beiträgt.

Exkurs

> *Exkurs*: **Die Besteuerung von Kleinunternehmern**
>
> Kleinunternehmer, deren Jahresumsatz im Vorjahr € 17.500 nicht überstiegen hat und im laufenden Jahr voraussichtlich unter € 50.000 liegen wird, können sich von der Umsatzsteuer befreien lassen. Sie werden dann umsatzsteuerlich wie Privatpersonen behandelt.
>
> Das hat zur Folge, dass Sie keine Umsatzsteuer an das Finanzamt zahlen müssen, allerdings auch keine Vorsteuer (Umsatzsteuer, die Sie an Hersteller / Lieferanten bezahlt haben) absetzen können. Weiterhin dürfen Sie in Ihren Rechnungen keine Umsatzsteuer ausweisen und Ihre (gewerblichen) Kunden können die an Sie gezahlte Umsatzsteuer nicht als Vorsteuer geltend machen. Ihre Preise sind also „brutto=netto".
>
> Als Kleinunternehmer können Sie allerdings bewusst auf die Steuerbefreiung verzichten und sich wie ein „normaler" Unternehmer besteuern lassen (Option).
>
> Die Option auszuüben ist sinnvoll, wenn Sie
>
> ⇨ zu Beginn Ihrer Geschäftstätigkeit hohe Investitionen haben und daher viel Umsatzsteuer bezahlen müssen, selbst aber nur geringe Ausgangsumsätze haben.
>
> ⇨ selbst überwiegend an andere Unternehmer und nicht an Privatpersonen verkaufen.
>
> Sie kommen durch die Ausübung der Option in den Genuss des Vorsteuerabzuges.
>
> Ein Beispiel zur Verdeutlichung:
>
> Es geht um Ware X. Geschäft A arbeitet mit Umsatzsteuern, Geschäft B und C liegen unter der Jahresumsatzgrenze und haben sich von der Umsatzsteuer befreien lassen. X kostet im Einkauf € 100,00 + MWSt. € 16,00 = € 116,00

> Geschäft A verkauft für
>
> € 171,47
>
> + MWSt. € 27,43
>
> = € 198,90
>
>
> Geschäft B verkauft für € 171,47
>
> Geschäft C verkauft für € 198,90
>
>
> ⇨   Gewinn für Geschäft A: 171,47 − 100,00 = 71,47
>
> ⇨   Gewinn für Geschäft B: 171,47 − 116,00 = 55,47
>
> ⇨   Gewinn für Geschäft C: 198,90 − 116,00 = 82,90
>
>
> Für einen Privatkunden ist Geschäft C genauso teuer wie Geschäft A. Für einen Geschäftskunden ist Geschäft B genauso teuer wie Geschäft A. D.h. verkauft man an Geschäftskunden, macht man mehr Gewinn, wenn man Umsatzsteuern abführt.
>
> Wenn Sie für den freiwilligen Umsatzsteuerabzug optieren, sind Sie für fünf Jahre daran gebunden.
>
> Die Ausübung der Option sollte daher von jedem Kleinunternehmer für seinen Einzelfall geprüft werden.

4.2   Wahl der Rechtsform

Kriterien für
die Wahl der
Rechtsform

Ein Unternehmen zu gründen bedeutet auch, sich Gedanken über die Rechtsform des Unternehmens zu machen. Die Wahl der Rechtsform hat entscheidenden Einfluss auf verschiedene Bereiche Ihres unternehmerischen Daseins. Exemplarisch seien z.B. die Mitspracherechte Dritter an Unternehmensentscheidungen, die Höhe der Haftung für Verbindlichkeiten des Unternehmens und die Verwendung der Gewinne genannt. Im Folgenden soll Ihnen ein Überblick über die Ausprägungen und Eigenschaften verschiedener Rechtsformen gegeben werden, die Ihnen als Existenzgründer zur Verfügung stehen. Nicht besprochen werden Gesellschaftsformen wie die „große" Aktiengesellschaft oder die

Genossenschaft, die üblicherweise keine echten Alternativen bei der Wahl der Rechtsform eines Gründungsunternehmens darstellen.

Die Rechtsformen unterscheiden sich durch folgende Kriterien:

1. Leitungsbefugnisse:

Dieser Punkt umfasst zwei Bereiche: Dazu gehört zum einen die Frage, wer von mehreren Gesellschaftern berechtigt (und verpflichtet) ist, die Gesellschaft zu führen und Entscheidungen zu treffen. Zum anderen beinhaltet dieser Punkt die Frage der Vertretungsbefugnis, d.h. wie das Verhältnis der Gesellschaft gegenüber außenstehenden Dritten geregelt wird und wer in welcher Art und Weise rechtsverbindliche Erklärungen für die Gesellschaft abgeben darf. Dazu gehört z.B. der Abschluss von Kaufverträgen und die Einstellung von Personal.

2. Haftung

In Abhängigkeit von der gewählten Rechtsform ist die Frage der Haftung unterschiedlich geregelt. Es kann dabei zwischen den beiden Grundtypen der unbeschränkten und der beschränkten Haftung unterschieden werden. Bei der unbeschränkten Haftung würden Sie als Gesellschafter des Unternehmens für die Verbindlichkeiten auch mit Ihrem gesamten Privatvermögen haften. Bei der beschränkten Haftung ist Ihre Haftung auf den Anteil Ihrer Einlagen im Unternehmen beschränkt, d.h. Sie können nicht mehr verlieren, als Sie dem Unternehmen zur Verfügung gestellt haben. Diese Frage der Haftungsregelung ist insofern von Bedeutung, als dass Ihre Kreditgeber der Unternehmung bessere Konditionen einräumen werden, wenn sie wissen, dass sie bei einer eventuellen Insolvenz des Unternehmens noch auf Sie und Ihr Privatvermögen zurückgreifen können. Für Sie stellt die unbeschränkte Haftung natürlich ein erheblich höheres finanzielles Risiko dar.

3. Kapitalbeschaffung

Die Entscheidung über die Rechtsform bestimmt in vielen Fällen (besonders in Zusammenhang mit der Haftungsregelung, s.o.) die Finanzierungsmöglichkeiten Ihres Unternehmens bzgl. der Beschaffung von Eigen- und Fremdkapital. Daneben bestimmt die Rechtsform auch die Zugangsmöglichkeit zu organisierten Kapitalmärkten. So ist z.B. eine Aktiengesellschaft in der Lage, sich Kapital über die Börse zu beschaffen.

4.   Gewinn- und Verlustbeteiligung

Diese ist weitgehend abhängig von der Risikoübernahme, d.h. je höher das eingegangene Risiko (=Einlage), desto höher ist auch der Anspruch auf die Gewinnbeteiligung. Fast immer kann dieser Punkt jedoch durch vertragliche Regelungen zwischen den Gesellschaftern bestimmt werden.

5.   Steuerbelastung

Unternehmen unterschiedlicher Rechtsformen werden auch unterschiedlich besteuert. Deshalb ist dieser Punkt bei einer Rechtsformwahl besonders zu beachten. In den ersten Jahren einer Unternehmensgründung fallen üblicherweise Verluste, bzw. niedrige Gewinne an, so dass die Steuerproblematik hier kaum auftritt. Sollte sich das Unternehmen gut entwickeln, so spielt das Thema Steuern später ein große Rolle. Allerdings sind dann die Einflussmöglichkeiten einer Steuerersparnis durch geschickte Wahl der Rechtsform nicht mehr gegeben, da eine Änderung der Rechtsform üblicherweise einen erheblich höheren Aufwand bedeuten würde. Deshalb sollte diesem Punkt schon im Vorfeld die entsprechende Beachtung geschenkt werden.

6.   Rechtsformaufwand und Publizitätsvorschriften

Die Aufwendungen für die Rechtsform hängen vor allem vom Umfang der anzuwendenden gesetzlichen Vorschriften ab. Diese beziehen sich primär auf Publizitätsvorschriften. Darunter wird die Pflicht zur Bekanntgabe von Unternehmensinformationen verstanden (Jahresabschluss, Eintritt neuer Gesellschafter, etc.).

Darstellung verschiedener Rechtsformen

Nachdem Sie die wichtigsten Kriterien zur Findung der geeigneten Rechtsform kennen, werden im Folgenden einige Rechtsformen vorgestellt, die Sie bei der Gründung Ihres Unternehmens in Betracht ziehen können.

Am Ende dieses Kapitels finden Sie eine tabellarische Gegenüberstellung der verschiedenen Rechtsformen und deren spezifischer Eigenschaften.

Einzelunternehmung

a) Einzelunternehmung

Bei dieser Rechtsform handelt es sich um ein Unternehmen, dessen Eigenkapital von einer einzigen Person – Ihnen – aufgebracht wird. Sie können das Unternehmen alleine führen, tragen aber auch das Risiko alleine. Diese Rechtsform bietet die größtmögliche unternehmerische Entscheidungsfreiheit. Es ist kein Mindestkapital vorgeschrieben und Sie haften persönlich und unbeschränkt mit Ihrem Geschäfts- und Privatvermögen. Diese Rechtsform ist vor allem bei kleineren und mittleren Betrieben zu finden. Sie eignet sich sehr gut, wenn Sie sich alleine selbstständig machen und „klein anfangen" wollen. Die Gesellschaft entsteht automatisch bei Geschäftseröffnung.

Vorteile:

➤ Freie und schnelle Entscheidungen

➤ Keine Meinungsverschiedenheiten

➤ Eindeutigkeit und Klarheit bei der Führung des Betriebes

➤ Keine besonderen Formvorschriften und kein Mindestkapital

➤ Großes Engagement und Identifikation des Unternehmers mit dem Betrieb

Nachteile:

➤ Erfolg des Unternehmens ist abhängig von der Qualifikation und den unternehmerischen Fähigkeiten des Inhabers (= Unternehmers)

➤ Hohes Risiko wegen unbeschränkter Haftung

➤ Kapitalkraft ist begrenzt (auch begrenzte Kreditbasis)

➤ Probleme der Nachfolge, bzw. Weiterführung des Unternehmens

Wenn Sie sich in das Handelsregister eintragen lassen, so führen Sie in Ihrer Firma den Zusatz *eingetragener Kaufmann* (e.K, e. Kfm) (siehe auch Kapitel 4.3).

Gesellschaft
bürgerlichen
Rechts

b) Gesellschaft des bürgerlichen Rechts (GbR)

Diese Rechtsform wird auch BGB-Gesellschaft genannt, da deren rechtliche Grundlage das Bürgerliche Gesetzbuch (BGB) bildet (§§705 ff. BGB). Sie ist eine Vereinigung von (natürlichen oder juristischen) Personen zur Erreichung eines gemeinsamen Ziels.

Diese Gesellschaft wird nicht in das Handelsregister eingetragen und ist nicht rechtsfähig. D.h. Sie können keine Erklärungen im Namen der Gesellschaft abgeben, sondern nur in Ihrem eigenen Namen. Wie bei der Einzelunternehmung ist ebenfalls kein Mindestkapital vorgeschrieben, der Gewinn (bzw. Verlust) wird gleichmäßig auf die Gesellschafter verteilt. Allerdings können hiervon abweichende Regelungen zwischen den Gesellschaftern vertraglich vereinbart werden. Die Geschäftsführung erfolgt gemeinschaftlich, d.h. jeder Gesellschafter ist an der Führung der Gesellschaft beteiligt, sofern nichts anderes vereinbart ist.

Die Haftung ist unbeschränkt und gesamtschuldnerisch. Darunter ist zu verstehen, dass ein Gesellschafter mit seinem Privatvermögen für alle Schulden der Gesellschaft haftet. Ein Gläubiger kann also von einem einzigen Gesellschafter die Begleichung der Schulden verlangen. Wie Sie die Aufteilung der Schulden zwischen Ihnen und den anderen Gesellschaftern regeln, bleibt Ihnen überlassen.

Die GbR ist für jede Art von Geschäftspartnerschaft geeignet. Es ist allerdings zu beachten, dass auch Sie als gewerbetreibend (siehe dazu Kapitel 4.1) gelten, sobald einer Ihrer Partner der GbR als Gewerbetreibender klassifiziert wird.

Vorteile:

> ➤ Jeder beliebige Zweck kann Gegenstand des Zusammenschlusses sein (so ist z.B. eine Lotto-Tipp-Gemeinschaft, oftmals ohne dass die einzelnen Teilnehmer es wissen, eine BGB-Gesellschaft. Schließen sich mehrere Baugesellschaften zur Realisierung eines Großprojektes zusammen entsteht ebenfalls eine BGB-Gesellschaft).

> ➤ Einfache Organisationsform und Gründungsmodalitäten, sogar mündliche Vereinbarungen reichen aus.

> ➤ Verteilung des Risikos

Nachteile:

> ➤ Unbeschränkte und gesamtschuldnerische Haftung

> ➤ Schwierige Kapitalbeschaffung

Offene Handelsgesellschaft

c) Offene Handelsgesellschaft (OHG)

Die OHG ist eine vertragliche Vereinbarung von mindestens zwei Personen, deren Zweck auf den Betrieb eines Handelsgewerbes ausgerichtet ist. Im Prinzip ist es eine Spezialform der BGB-Gesellschaft für Kaufleute. Die OHG ist in das Handelsregister einzutragen, die Gesellschafter haften unbeschränkt und gesamtschuldnerisch. Ein Mindestkapital ist hierbei ebenfalls nicht vorgeschrieben. Diese Rechtsform wird oftmals bei kleineren und mittleren Betrieben eingesetzt. Für gewöhnliche Geschäfte hat jeder der Gesellschafter Einzelvertretungsbefugnis, für außergewöhnliche Geschäfte ist ein Gesamtbeschluss aller Gesellschafter notwendig. Diese Regelungen können aber durch einen Gesellschaftsvertrag modifiziert werden.

Vorteile:

> ➤ In Grenzen freie Vertragsgestaltung

> ➤ Großes Engagement und Identifikation der Unternehmer mit dem Betrieb

> ➤ Kreditwürdigkeit

> ➤ Kombination unterschiedlicher Fähigkeiten der Gesellschafter möglich (z.B. Zusammenschluss eines Technikers und eines Kaufmanns)

Nachteile:

> ➤ Großes Vertrauen der Gesellschafter untereinander erforderlich

> Finanzierung wie bei Einzelunternehmen

> Unbeschränkte und gesamtschuldnerische Haftung (wirkt sich jedoch positiv bei Kreditbeschaffung aus)

Partnerschaft

d) Partnerschaft

Die Partnerschaft ist eine relativ neue Gesellschaftsform, in der sich Angehörige Freier Berufe zusammenschließen können. Sie könnte daher für Sie besonders interessant sein. Diese Gesellschaftsform ist mit der OHG vergleichbar. Alle Partner haften als Gesamtschuldner für die Verbindlichkeiten der Partnerschaft und sind in der Regel auch alle zur Geschäftsführung berechtigt. Für die Partnerschaft ist ein besonderes Partnerschaftsregister eingeführt worden, das bei den Amtsgerichten weitgehend nach den für das Handelsregister geltenden Vorschriften geführt wird.

Die Partnerschaft muss den Namen wenigstens eines Partners, den Zusatz „und Partner" oder „Partnerschaft" sowie die Berufsbezeichnungen aller in der Partnerschaft vertretenen Berufe enthalten.

Weit verbreitet ist die Partnerschaft unter Rechtsanwälten und Steuerberatern. Allerdings ist das Interesse an dieser Rechtsform zurückgegangen, seit die GmbH-Gründung für einige Freiberufler zugelassen wurde.

Vor- und Nachteile: s. OHG

Kommandit-
gesellschaft

e) Kommanditgesellschaft (KG)

Die KG ist wie die OHG ein Zusammenschluss von mindestens zwei Personen zum Betrieb eines Handelsgewerbes unter gemeinschaftlicher Führung. Die Gesellschafter können bei der KG allerdings unterschiedliche Rollen einnehmen. Mindestens ein Gesellschafter haftet unbeschränkt (= Komplementär) und mindestens ein Gesellschafter haftet beschränkt (= Kommanditist). Die Gesellschafter können auch juristische Personen (= andere Unternehmen) sein. Rechtsfähigkeit, Eintragung in das Handelsregister und Mindestkapital sind wie bei der OHG geregelt. Die Komplementäre sind vergleichbar mit den Gesellschaftern einer OHG (auch bzgl. der Geschäftsführung). Die Kommanditisten haften bis zur Höhe ihrer Einlage und sind von der Geschäftsführung und -vertretung ausgeschlossen.

Vorteile:

> Möglichkeit, zusätzliche Kapitalgeber aufzunehmen, deren Haftung beschränkt ist und die keinen Einfluss auf die Geschäftsführung haben.

> Kombination von unterschiedlichen Gesellschaftern möglich (z.B. kann sich ein Techniker / Erfinder, der nur wenig Kapital und Erfahrung in der Geschäftsführung hat (Kommanditist) mit einem erfahrenen Kapitalgeber und Unternehmer zusammenschließen, um das Produkt / die Erfindung auf den Markt zu bringen).

Nachteile:

> Vgl. OHG

> Trotz Ausschluss von der Geschäftsführung kann dem Kommanditisten faktisch (abhängig von der Anteilshöhe) und als Prokurist / Handlungsbevollmächtigter eine starke Mitbestimmung gegeben sein.

Gesellschaft mit beschränkter Haftung

f) Gesellschaft mit beschränkter Haftung (GmbH)

Bei der GmbH handelt es sich um eine Gesellschaft mit eigener Rechtspersönlichkeit, deren Gesellschafter am Stammkapital (mind. € 25.000,-) mit Stammeinlagen (mind. € 250,-) beteiligt sind, wobei das Haftungsvermögen — wie der Name der Rechtsform andeutet — auf die Kapitaleinlage beschränkt ist. Die GmbH entsteht mit Eintrag ins Handelsregister. Die Geschäftsführung / Vertretung der GmbH erfolgt durch einen bzw. mehrere Geschäftsführer, die natürliche Personen und nicht notwendigerweise Gesellschafter sein müssen. Die Geschäftsführer der GmbH sind an die Weisungen der Gesellschafterversammlung gebunden. Die GmbH eignet sich, wenn ein Unternehmen mit entsprechend hoher Kapitaleinlage gegründet werden soll. Sie eignet sich nur bedingt, wenn Sie Ihr Unternehmen klein starten und dann aufbauen wollen.

Vorteile:

> Von Gesellschafterwechsel unabhängig

> Starke Identifikation der Gesellschafter mit der GmbH

> Weitgehendes Mitverwaltungsrecht der Gesellschafter

➤   Niedrige Gründungs- und Verwaltungskosten

➤   Haftungsbeschränkungen

➤   „leichte" Aufnahme neuer Gesellschafter

Nachteile:

➤   kein Zugang zur Börse

➤   Beschränkung in der Kreditbeschaffung

Kleine AG

g) Kleine AG

Die „kleine AG" ist, wie der Name schon sagt, eine Aktiengesellschaft, die aber – im Gegensatz zu den bekannten großen Unternehmen in AG-Form – vereinfachten Regelungen unterliegt.

Das Gesellschaftskonstrukt ist dasselbe wie bei großen AGs: Es gibt einen Vorstand, der die AG leitet, einen Aufsichtsrat, der den Vorstand berät und kontrolliert, und eine Hauptversammlung, in der die Aktionäre (= Eigentümer der AG) wesentliche Entscheidungen treffen.

Zur Gründung muss ein Mindestkapital von € 50.000 aufgebracht werden.

- Vorstand: Er muss aus mindestens einer Person bestehen. Der Vorstand ist die Unternehmensführung der AG.

- Aufsichtsrat: Mindestens drei Aufsichtsratsmitglieder sind erforderlich. Der Aufsichtsrat kontrolliert die Arbeit des Vorstandes im Interesse der Aktionäre und Gläubiger. Eine besondere Qualifikation ist gesetzlich nicht vorgeschrieben, Fachwissen aber sicherlich sinnvoll. Ein Vorstand kann nicht Aufsichtsrat sein.

- Hauptversammlung: Die Hauptversammlung besteht aus den Aktionären und damit Eigentümern der AG. Mitarbeiter, Vorstände und Aufsichtsräte können gleichfalls Aktionäre sein.

Vorteile:

> einfache Übertragbarkeit der Anteile erleichtert die Beteiligung von Partnern und Mitarbeitern

> breite Gesellschafterbasis ist mit einfachen Mitteln realisierbar

> umfangreiche Möglichkeiten zur Kapitalbeschaffung, Börsenfähigkeit

> höheres Ansehen bei Kunden und Geschäftspartnern

> Niedrigere Gründungs- und Verwaltungskosten (i. Vgl. zur „großen" AG)

> Haftungsbeschränkungen

> Kontrolle durch Aufsichtsrat

Nachteile:

> schwer kontrollierbarer Fremdeinfluss ist möglich, wenn keine Vorkehrungen getroffen werden (z.B.: vinkulierte Namensaktien)

> erhöhter Aufwand für Publizitäts- und sonstige regulatorische Vorschriften

> nach Börsengang: öffentliches Interesse am Unternehmen, Zufriedenstellung der Aktionäre

> Aktionärsverwaltung muss organisiert werden

> Kontrolle durch Aufsichtsrat

Die Voraussetzungen und das Prozedere zur Gründung einer kleinen AG ist sehr umfassend und gut unter http:// www.namensaktie.de/leitfaden.htm beschrieben.

Zusammenfassung

Zusammenfassend lässt sich sagen, dass sich ein Einzelunternehmen für Ihren Start ins Internet am besten eignet, wenn Sie alleine und nebenberuflich Ihre Idee realisieren wollen. Sind mehrere Unternehmensgründer beteiligt, so eignet sich eine GbR für einen nebenberuflichen Start. Haben Sie mehrere Mitstreiter und entsprechendes Kapital, das Sie in das Unternehmen einbringen wollen, so ist über die Gründung einer GmbH oder Kleinen AG nachzudenken. Im Endeffekt ändert die Tatsache, dass Sie Ihr Produkt über das Internet vermarkten wollen, nichts an der Wahl der Rechtsform. Hier steht die Gesellschaft an sich und nicht der Inhalt der Geschäftstätigkeit im Vordergrund.

Im Folgenden finden Sie eine tabellarische Aufstellung der Kennzeichen der verschiedenen Rechtsformen:

Unterscheidungsmerkmal	Einzelunternehmung	GbR	OHG	KG	GmbH	kleine AG
Mindestgründerzahl	1	2	2	2	1	1
Kapitalgeber	Inhaber	Gesellschafter		Komplementäre, Kommanditisten	Gesellschafter, insg. mind. € 25.000	Aktionäre insg. mind. € 50.000
Haftung	Unbeschränkt			Komplementäre unbeschränkt, Kommanditisten mit Einlage	beschränkt auf Stammeinlage, Gesellschaftsvermögen haftet	beschränkt auf Aktienwert, Gesellschaftsvermögen haftet
Geschäftsführung	Inhaber	Gesellschafter		Komplementäre	Geschäftsführer, von Gesellschafterversammlung gewählt	Vorstand von Hauptversammlung gewählt
Gewinn- und Verlustbeteiligung	Inhaber	Gesellschafter	Verlust nach Köpfen; Gewinn: 4% auf Einlagen, Rest nach Köpfen (dispositives Recht)	Verlust: in angemessenem Verhältnis; Gewinn 4% auf Einlagen, Rest in angemessenem Verhältnis (dispositives Recht)	im Verhältnis der Einlagen (dispositives Recht)	über Ausschüttung (Dividende)
Finanzierung	kein Zugang zur Börse, meist Personalkredite				kein Zugang zur Börse, Realkredite	Zugang zur Börse, Realkredite
Steuern	Progressive ESt., Vermögenssteuer	Progressive Est. auf Gewinnanteil, Vermögenssteuer auf Gesellschafteranteil			KSt. auf GmbH-Gewinn, bei Est. der Gesellschafter anrechenbar, Progressive ESt. auf Gewinnausschüttung, Vermögenssteuer bei GmbH und Gesellschafter	KSt. auf AG-Gewinn, bei ESt. der Gesellschafter anrechenbar, Progressive ESt. auf Gewinnausschüttung, Vermögenssteuer bei AG und Gesellschafter

Abbildung 8: Unterscheidungsmerkmale ausgewählter Rechtsformen

Sollten Sie mehrere Gesellschafter sein, so ist ein Gesellschaftervertrag unabdingbar. Dort regeln Sie untereinander die Rechte und Pflichten. Auch wenn Sie am Anfang nicht davon ausgehen, dass es später zu Streitigkeiten unter den Gesellschaftern kommen könnte, ist es besser, für diesen Fall vorgesorgt zu haben. Unter www.vorlagen.de finden Sie einige Muster für Gesellschafter- und sonstige Verträge. Diese müssen Sie aber noch um Ihre speziellen Vereinbarungen erweitern und von einem Anwalt prüfen lassen.

4.3   Die Kaufmannseigenschaft und die Firma

Neben der Rechtsform stellen die Kaufmannseigenschaft und der Name, unter dem Sie am Markt auftreten (die „Firma") weitere rechtliche Rahmenbedingungen Ihrer Geschäftstätigkeit dar.

HGB gilt für Kaufleute

Ob Sie rechtlich als Kaufmann gelten, ist insofern von Relevanz, als dass für Sie dann die Regelungen des Handelsgesetzbuches (HGB) gelten und nicht die des Bürgerlichen Gesetzbuches (BGB).

Kapitalgesellschaften, wie die GmbH und AG, sind immer Kaufleute, da dort das Unternehmen und nicht der Unternehmer die Verträge abschließt.

Kaufleute vs. Kleingewerbetreibende

Ansonsten ist zwischen Kaufleuten und Kleingewerbetreibenden zu unterscheiden. Kaufmann ist nach §1 HGB jeder Gewerbetreibende, es sei denn, sein Unternehmen erfordert nach Art und Umfang <u>keinen</u> kaufmännisch eingerichteten Geschäftsbetrieb. Ab wann ein Geschäftsbetrieb als „kaufmännisch eingerichtet" bezeichnet werden kann, ist im Einzelfall zu prüfen. Allgemein orientiert man sich dabei an Größen wie Umsatz, Mitarbeiterzahl, Größe der Geschäftsräume, Teilnahme am Wechsel- und Scheckverkehr, Komplexität der Geschäftsprozesse, Anzahl der Standorte, etc.

Definition Kleingewerbetreibender

Wer keinen in kaufmännischer Art und Weise eingerichteten Geschäftsbetrieb benötigt, gilt als Kleingewerbetreibender. Sie üben zwar ein Gewerbe aus, gelten für das Gesetz aber als „Nicht-Kaufmann".

Unterschiede

Die größten Unterschiede in den rechtlichen Vorschriften zwischen Kaufleuten und Kleingewerbetreibenden liegen darin, dass Kaufleuten eine „höhere Professionalität" im Umgang mit Handelsgeschäften und Geschäftspartnern zugetraut wird. Daher haben Kaufleute größere Freiheiten, die es ihnen erlauben, Geschäfte schneller und unkomplizierter abzuwickeln. Sie unterliegen aber auch strengeren Pflichten, die Geschäftspartner von Kaufleuten schützen sollen. Die Charakteristika der handelsrechtlichen Regelungen liegen zudem in der Selbstverantwortlichkeit des Kaufmanns. Dem Kaufmann wird zugemutet, Chancen und Risiken selbst abwägen zu können. Kleingewerbetreibende und Privatleute sind dagegen schutzwürdiger. Einige der Unterschiede zwischen Kaufleuten und Kleingewerbetreibenden

(= „normale Bürger" nach dem Gesetz) seien im Folgenden dargestellt[17]:

Dokumentation der Geschäftsvorfälle	⇨ Kaufleute haben die Pflicht, alle Geschäftsvorfälle festzuhalten und die Unternehmenslage zu offenbaren. Dieses dient vor allem dem Schutz der Gläubiger und der Allgemeinheit. Dazu gehört insbesondere die Buchführungspflicht (§238 HGB), die Aufbewahrungspflicht von Belegen, etc. (§257 I HGB), die Pflicht zur Erstellung eines Jahresabschlusses (§ 242 II HGB) und die Inventarisierungspflicht (§240 HGB).

„Kaufmännisches Schweigen"

⇨ Schweigt ein Kaufmann auf einen Antrag, der auf eine Geschäftsbesorgung gerichtet ist, so gilt dies nach §362 (1) HGB als Annahme. Im Bürgerlichen Recht kommt ein Vertrag nach §662 BGB nur nach ausdrücklicher Annahme zustande. Diese Regelung soll zur Beschleunigung der Geschäfte von Kaufleuten untereinander beitragen.

Rügepflicht

⇨ Bei beiderseitigem Handelskauf, also wenn zwei Kaufleute untereinander Geschäfte tätigen, gilt für den Käufer die „strenge Rügepflicht". Diese besagt nach §§377 ff. HGB, dass er verpflichtet ist, die erhaltene Ware unmittelbar nach dem Erhalt zu prüfen. Beanstandet er nicht unverzüglich etwaige Mängel, so entfallen alle Gewährleistungsansprüche. Diese Regelung dient ebenfalls der Beschleunigung der Geschäfte der Kaufleute untereinander.

Vergütung

⇨ Kaufleute können auch ohne ausdrückliche Vereinbarung nach §354 (1) HGB einen Anspruch auf Vergütung der von ihnen erbrachten Leistung geltend machen, da von ihnen weniger als von "normalen Bürgern" erwartet wird, Leistungen unentgeltlich zu erbringen.

Sorgfalt

⇨ Kaufleute haben besondere Vorschriften zur Sorgfalt bei Handelsgeschäften zu beachten (§ 347 (1) HGB). Kleingewerbetreibende haben nur „die im Verkehr erforderliche Sorgfalt" (§276 (1) BGB) zu beachten.

Vertragsstrafen

⇨ Die Herabsetzung unverhältnismäßig hoher Vertragsstrafen ist für Kaufleute nach (§ 348 HGB) ausgeschlossen, für Schuldner nach dem Bürgerlichen Recht dagegen möglich (§

---

[17] Vgl. „Kaufmann / -frau auf Wunsch", Deutscher Industrie- und Handelstag (Hrsg.), 1998 *und* „Neues Kaufmanns- und Firmenrecht", Deutscher Industrie- und Handelstag (Hrsg.), 1998.

343 BGB). Dem Kaufmann wird zugemutet, die Tragweite der Vertragsstrafe besser abzuschätzen.

Zinsregelungen

⇨ Für Kaufleute gelten besondere Zinsregelungen, die sich im Vergleich zum Kleingewerbetreibenden günstiger darstellen. Kaufleute können sich untereinander ab dem Tag der überfälligen Zahlung Zinsen berechnen. Der Zinssatz beträgt 5% (§§ 352 f. HGB). Kleingewerbetreibende dürfen dagegen nur bei einer verschuldeten Verspätung der Zahlung Zinsen in Höhe von 4% berechnen (§288 BGB).

Freiwillige Eintragung in das Handelsregister

Für Kleingewerbetreibende ist es möglich, durch eine freiwillige Eintragung in das Handelsregister beim zuständigen Amtsgericht die Kaufmannseigenschaft zu erlangen. Das gilt sowohl für den einzelnen Kleingewerbetreibenden als auch für die BGB-Gesellschaft (,die sich allerdings dem Statut einer OHG oder KG unterstellen muss). Dabei ist die Eintragung konstitutiv, d.h. mit dem Datum des Eintrags ins Handelsregister gelten Sie als Kaufmann.

Deklarative Eintragung

Verzichten Sie auf eine freiwillige Eintragung und erreichen Sie mit Ihrem Unternehmen eine Größe, die einen in kaufmännischer Art und Weise eingerichteten Geschäftsbetrieb (also die Kaufmannseigenschaft) erfordert, so werden Sie automatisch Kaufmann. Eine Eintragung im Handelsregister ist nur noch deklarativ, d.h. ab dem Zeitpunkt, an dem Ihr Geschäft den erforderlichen Umfang erreicht hat, gelten Sie im Geschäftsverkehr als Kaufmann und nicht ab dem Tag, an dem Sie in das Handelsregister eingetragen werden.

Firma

Die Kaufmannseigenschaft berechtigt Sie gegenüber einem Kleingewerbetreibenden ebenfalls dazu, eine Firma zu führen. Die Firma ist im juristischen Sinn der Name des Kaufmanns, unter dem er seine Geschäfte betreibt und seine Unterschrift abgibt.

4.4   Beratung

Mögliche Besonderheiten bei der Gründung

Wenn Sie sich selbstständig machen wollen, werden Sie auf viele Hindernisse und Stolpersteine stoßen. Das sind — abhängig von Ihren Kenntnissen und bisherigen Erfahrungen — z.B. betriebswirtschaftliche oder rechtliche Fragen. Einen Großteil davon kann dieses Buch beantworten, doch auf viele Besonderheiten in Einzelfällen kann hier nicht eingegangen werden. Um sich dieser

Besonderheiten bewusst zu werden und Detailfragen zu klären, wird es angebracht sein, sich professioneller Hilfe zu bedienen. Existenzgründungen werden in Deutschland gefördert und Beratungen dazu sind oftmals kostenlos oder gegen eine geringe Gebühr zu erhalten.

Scheuen Sie sich nicht, von den Angeboten Gebrauch zu machen. Eine Beratung anzunehmen, bedeutet nicht, dass Sie es alleine nicht schaffen können. Es zeigt vielmehr, dass Sie sich der Problematik bewusst sind und Ihr Vorhaben genau planen und Risiken soweit wie möglich ausschließen wollen.

Vorbereitung

Für eine Beratung sollten Sie sich gründlich vorbereiten, um gezielte Fragen stellen zu können. Ihre Zeit – und auch die des Beraters – ist zu kostbar, um sie mit Fragen nach Grundlagen zu verschwenden.

Zur Aneignung des Grundlagenwissens eignen sich folgende Maßnahmen:

1.   Literatur

Da Sie dieses Buch lesen, haben Sie sich bereits mit diesem Punkt vertraut gemacht. Weitere hilfreiche Publikationen erhalten Sie – oftmals kostenlos – bei den Industrie- und Handelskammern, Banken, Fach- und Berufsverbänden, etc. Auch im Internet finden sich viele Quellen, die Informationen zur Existenzgründung bieten. Eine übersichtliche Linksammlung findet sich unter www.gruenderlinx.de.

Abbildung 9:
www.gruender
linx.de

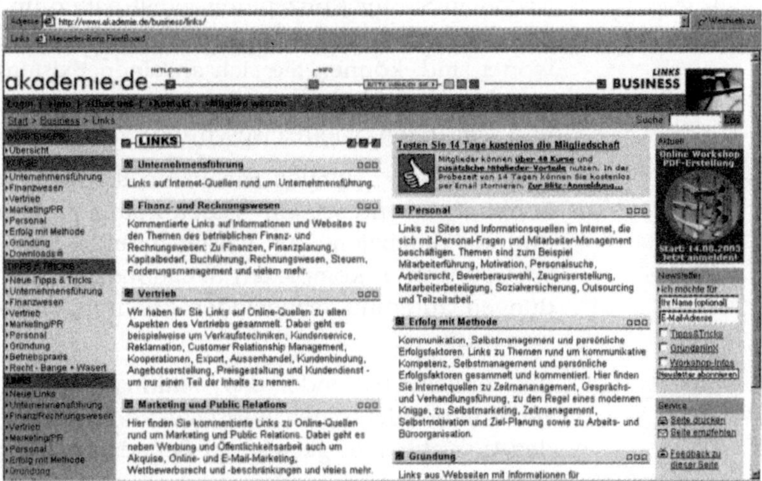

2. Veranstaltungen

Die Industrie- und Handelskammern, Universitäten und andere Einrichtungen bieten regelmäßig Seminare zum Thema Existenzgründung an. Diese Seminare behandeln i.d.R. jeweils unterschiedliche Schwerpunkte eines Gründungsvorhabens (rechtliche Aspekte, Personal, Finanzierung, etc.). Schauen Sie dazu auch in Ihre Tageszeitung. Hier werden solche Veranstaltungen oftmals angekündigt.

3. Gespräche

Wenn Sie sich in die Thematik eingearbeitet haben und Ihre wichtigsten Fragen beantwortet sind, dann sollten Sie noch Kontakt zu anderen Existenzgründern aufnehmen, die den Schritt in die Selbstständigkeit bereits hinter sich haben. Kein Buch und kein Seminar kann Ihnen die persönlichen Erfahrungen einer Existenzgründung so gut vermitteln, wie jemand, „der es am eigenen Leibe erlebt hat". Er wird Ihnen sagen können, mit welchem Ansprechpartner bei der IHK Sie am besten Kontakt aufnehmen, warum sein Steuerberater empfehlenswert ist (oder auch nicht) und welche sonstigen Erfahrungen er gemacht hat.

4.4.1   Existenzgründungsberater

Prüfung des
Konzeptes

Nachdem Sie Ihr Konzept ausgefeilt haben und Ihre grundlegenden Fragen zu Ihrer bevorstehenden Existenzgründung beantwortet sind, können Sie sich an einen Existenzgründungsberater wenden. Er hilft Ihnen dabei, das Konzept detailliert zu prüfen und sagt Ihnen, wie realistisch Ihre Vorstellungen sind.

Neutraler
Fachmann

Er stellt einen neutralen Fachmann dar, der Ihre Idee mit seinen Erfahrungen und seinem Wissen kombiniert und einer rationalen Prüfung durchzieht. Als Existenzgründer müssen Sie viele Entscheidungen in komplexen Situationen treffen. Falsche Entscheidungen aufgrund mangelnder Erfahrung können teuer für Sie werden.

Auswahl des
Beraters

Ihre örtliche IHK oder das „Rationalisierung- und Innovationszentrum der deutschen Wirtschaft" e.V. (RKW) können Ihnen bei der Auswahl eines geeigneten Beraters behilflich sein.

> Das RKW ist eine gemeinnützige Organisation, die von Wirtschaft, Wissenschaft und öffentlicher Hand getragen wird. Zu seinen Aufgaben gehört die Vermittlung von Beratern, die Verbreitung aktueller Informationen und die inner- und überbetriebliche Weiterbildung.

Anforderungen an den Berater

Der Existenzgründungsberater sollte betriebswirtschaftliches und juristisches Fachwissen sowie branchen- und regionalspezifische Kenntnisse vorweisen können.

Unverbindliches Treffen

Bevor Sie jedoch einen Beratungsvertrag mit ihm abschließen, sollten Sie sich zuerst unverbindlich mit ihm treffen, um ihn kennen zu lernen. Tragen Sie ihm Ihr Konzept vor und hören Sie sich seine Meinung dazu an. Wenn Sie Vertrauen zu ihm gefunden haben und von seinen fachlichen Qualifikationen überzeugt sind, sollten Sie einen Vertrag abschließen.

Vertrag

Der Vertrag sollte in jedem Falle schriftlich aufgesetzt werden und mindestens folgende Punkte umfassen:

- ☑ Beratungsthema
- ☑ die Leistungen des Beraters
- ☑ die Dauer der Beratung, Anzahl der Treffen
- ☑ Beratungshonorar, evtl. Nebenkosten
- ☑ Erstellung eines Beratungsberichtes

Leistungen des Beraters

Zu den Leistungen des Beraters gehört die (Mithilfe bei der) Ausarbeitung des Business Plans (siehe ausführlich dazu Kapitel 4.6), die kritische Würdigung einzelner Teilbereiche des Business Plans, Ausarbeitung der Finanzplanung, Unterstützung bei Kreditverhandlungen sowie die Bereitschaft der jederzeitigen persönlichen oder telefonischen Beratung und Beantwortung von Fragen.

Ihr Existenzgründungsberater sollte Ihr Partner bei Ihrem Vorhaben sein. So sollten Sie den Kontakt zu ihm auch nach Auslaufen des Beratungsvertrages nicht abreißen lassen. Zum einen wird er interessiert sein, wie sich Ihr Unternehmen entwickelt und zum anderen können Sie auf seinen Rat vielleicht noch das eine oder andere Mal zurückgreifen.

Zuschuss zu den Beratungskosten

Existenzgründungsberatungen (vor der Gründung) und Existenzaufbauberatungen (innerhalb von zwei Jahren nach der Gründung) werden vom Bundesministerium für Wirtschaft und Arbeit

(BMWA) mit einem Zuschuss zu den Beratungskosten (nicht Spesen und Nebenkosten) gefördert. Es können 50%, jedoch nicht mehr als € 1.500, erstattet werden. Antragsberechtigt sind rechtlich selbstständige Unternehmen aus den Bereichen der gewerblichen Wirtschaft und wirtschaftsnahe Freie Berufe. Im letzten Geschäftsjahr vor Beginn der Beratung dürfen folgende Umsatzgrenzen nicht überschritten werden:

Abbildung 10: Antragsberechtigte und Umsatzgrenzen im Vorjahr

Wirtschaftsbereich	Umsatz bis Mio. €
Industrie und Handwerk	5,11
Groß-/Außenhandel	7,41
Einzelhandel	2,56
Verkehrsgewerbe	2,04
Gastgewerbe	1,28
Reisebürogewerbe	1,02
Sonstiges Dienstleistungsgewerbe	1,53
Wirtschaftsnahe Freie Berufe	1,28
Handelsvertreter, -makler	1,02

Weitere Informationen

Weitere Informationen vom BMWA sind in der „Richtlinie über die Förderung von Unternehmensberatungen für kleine und mittlere Unternehmen von 11. September 2001" enthalten. Diese Richtlinie und Antragsformulare können über

W. Bertelsmann Verlag GmbH & Co. KG
Postfach 10 06 33
33506 Bielefeld
Fax: 0521 / 91101-19
www.wbv.de

Jüngling-Verlag für Verwaltung und Behörden
Postfach 12 80
85750 Karlsfeld
Fax: 08131 / 901-44
www.juenglingverlag.de

bezogen werden.

4.4.2   Rechtsanwalt und Steuerberater

Spezialkennt-nisse

Rechtsanwälte und Steuerberater helfen Ihnen auf Gebieten, in denen nur genaues Fachwissen weiterhilft. Aufgrund der sich permanent ändernden Rechtslage ist allgemeines Basiswissen aus dem (Selbst-) Studium oder bisheriger Erfahrung hier nicht ausreichend. Im Gegensatz zu anderen Bereichen der Existenzgründung sind Steuern und Recht Gebiete, in denen die genaue Kenntnis der Sachverhalte unabdingbar ist. Hier sind das Gemeinwohl und allgemeine Regeln des Lebens in der Gemeinschaft zu beachten.

Sie als Jungunternehmer haben aller Voraussicht nach auch gar nicht die Zeit, sich in die (Steuer-) Gesetzgebung einzuarbeiten.

In Abhängigkeit von der Größe und Komplexität Ihres Unternehmens kann sich ein Steuerberater sehr schnell bezahlt machen.

Notwendigkeit

In manchen Situationen, z.B. bei Eintrag Ihrer Firma in das Handelsregister, sind Sie sogar zwingend auf einen Rechtsanwalt, bzw. Notar angewiesen. Ebenso empfiehlt es sich, bei der Einrichtung der Buchhaltung mit dem Steuerberater oder Wirtschaftsprüfer zu sprechen. Die meisten Rechtsanwälte und Steuerberater haben sich auf eine Branche spezialisiert, viele auch auf Existenzgründungen.

Auswahl eines Beraters

Hier kann Ihnen die örtliche IHK weiterhelfen. Im Internet findet sich darüber hinaus unter www.steuerberater-suchservice.de eine Datenbank, die die Auswahl von Steuerberatern nach Ort, Branchenspezialisierung und anderen Kriterien ermöglicht.

Vertrauensvolle Zusammenarbeit

Versuchen Sie einen passenden Steuerberater und Rechtsanwalt möglichst frühzeitig zu finden. Weiterhin sollten Sie besonders darauf achten, dass Sie Vertrauen zu Ihrem Steuerberater oder Rechtsanwalt finden. Er ist derjenige, der sich in der finanziellen und rechtlichen Lage Ihres Unternehmens wahrscheinlich besser auskennen wird als Sie! Den wahren Wert eines guten Steuerberaters oder Rechtsanwaltes erkennen Sie erst nach Jahren, wenn Sie eine langjährige Partnerschaft aufgebaut haben und Sie sich mit Problemen an ihn wenden, die er aufgrund seiner Kenntnis über Sie und Ihre Firma problemlos und unkompliziert lösen kann.

4.5   Finanzierung

Die gesunde Finanzierung stellt ein Kernelement Ihres Unternehmens dar, hier dreht sich alles um die Frage: Woher bekomme ich Geld?

Bedeutung der Finanzierung

Selbstverständlich bekommen Sie Geld von den Kunden, die Ihr Produkt kaufen. Doch was machen Sie, wenn Sie noch keine Kunden haben und sich gerade noch im Aufbau Ihres Geschäftes befinden? Oder wenn Sie eine größere Investition planen? Oder plötzlich in Zahlungsschwierigkeiten gekommen sind?

Es gibt eine Reihe von Möglichkeiten, wie Sie an Geld kommen können.

Kapitalgeber

Mögliche Kapitalgeber sind:

- Venture Capital-Investoren
- Banken
- Öffentliche Institutionen
- Unternehmen
- Privatpersonen
- Neue Gesellschafter

Finanzierungsarten

Die möglichen Finanzierungsarten sind:

- Zur Deckung des kurzfristigen Bedarfs
  - ⇨ Kontokorrentkredit
  - ⇨ Lieferantenkredit
  - ⇨ Privatdarlehen

- Zur Deckung des langfristigen Bedarfs
  - Nicht-haftende Finanzmittel
    - ⇨ Öffentliche Mittel (ERP-Kredite)
    - ⇨ Bankdarlehen
    - ⇨ Privatdarlehen

- Haftende Finanzmittel

  ⇨ Bareinlagen

  ⇨ Sacheinlagen

  ⇨ Beteiligungen (auch am stimmberechtigten Kapital)

  ⇨ Eigenkapitalhilfen

Von den in der Aufstellung genannten Möglichkeiten werden im Folgenden die wichtigsten erläutert.

4.5.1   Eigenkapital

Erklärung Eigenkapital

Der Begriff des Eigenkapitals ist schnell erläutert: Es ist der Anteil des Vermögens, der den Gesellschaftern gehört. Es ist das haftende Kapital.

Eigenschaften

Grundsätzlich bringen Sie als Unternehmer das Eigenkapital auf, indem Sie Ihr Privatvermögen (oder Teile davon) dem Unternehmen zur Verfügung stellen. Das Eigenkapital müssen Sie im Gegensatz zum Fremdkapital nicht verzinsen, dennoch erwarten Sie eine gewisse Rendite in Form von Gewinnen. Auch muss es nicht getilgt oder zu einem bestimmten Zeitpunkt zurückgezahlt werden.

Vielmehr will derjenige, der Eigenkapital bereitstellt, dafür ein Mitspracherecht erwerben, was das Unternehmen mit seinem Geld macht. Der Anteil am Eigenkapital zeigt, welchen Anteil der Unternehmer am Unternehmen besitzt. Dieses zeigt sich besonders deutlich bei Aktiengesellschaften. Dort wird das Eigenkapital in eine bestimmte Anzahl von Aktien geteilt, und jeder, der Aktien des Unternehmens besitzt, hat entsprechend der Anzahl der Aktien eine oder mehrere Stimmen auf der Hauptversammlung und entsprechenden Anteil am Unternehmensgewinn (Dividende).

Erhöhung des Eigenkapitals

Möchten Sie Ihr Unternehmen mit mehr Eigenkapital ausstatten, so ist der einfachste Weg, neue Gesellschafter in Ihr Unternehmen aufzunehmen.

Ihnen wird bestimmt deutlich, was das heißt: Sie partizipieren nicht mehr in voller Höhe am Gewinn bzw. Verlust des Unternehmens und geben unter Umständen einen Teil Ihrer Entscheidungskompetenz auf! Dieser Schritt will gut überlegt sein. Da Sie Ihre Entscheidungen in Zukunft mit einem zusätzlichen Gesellschafter abstimmen müssen, empfiehlt es sich nur Personen aufzunehmen, die Sie bereits kennen, zu denen Sie ein gutes Verhältnis und auch Vertrauen haben und mit denen Sie sich vorstellen könnten, zusammenzuarbeiten.

Stiller Gesellschafter

Wollen Sie nur Ihre Eigenkapitalbasis stärken, aber auf Ihre Entscheidungsbefugnis nicht verzichten, so können Sie einen *stillen Gesellschafter* in Ihr Unternehmen aufnehmen. Wie der Name schon andeutet, verzichtet ein stiller Gesellschafter auf sein Mitspracherecht und taucht nirgendwo als Gesellschafter auf. Er erwartet dafür aber u.U. einen höheren Anteil am Gewinn und übernimmt im Regelfall keine Verluste der Gesellschaft. Die Motivation eines stillen Gesellschafters ist eine rentable Anlage seines Kapitals.

Atypischer stiller Gesellschafter

Ein *atypischer* stiller Gesellschafter, im Gegensatz zum zuvor beschriebenen *typischen* stillen Gesellschafter, verlangt Mitspracherechte in der Firma, tritt aber nach außen nicht in Erscheinung. Dafür übernimmt er in der Regel auch einen Teil des Verlustes. Diese Unterscheidung zwischen einem typischen und einem atypischen stillen Gesellschafter sollte Ihnen bewusst sein, bevor Sie in entsprechende Verhandlungen gehen.

Business Angels

Vergleichbar mit stillen Gesellschaftern sind auch sogenannte *Business Angels*, in Deutschland in BAND (Business Angels Netzwerk Deutschland) organisiert.[18] BAND will die Entwicklung des informellen Venture Capital-Marktes anstoßen und unterstützen. Unter informellem Venture Capital versteht man Beteiligungen von Privatpersonen an Unternehmen. Dieser Markt war bislang in Deutschland weitgehend unorganisiert und intransparent.

Die Bedeutung des informellen Venture Capital-Marktes liegt zum einen im enormen potenziellen Kapitalvolumen. In angelsächsischen Ländern wird durch Privatinvestoren bzw. Business Angels ein Vielfaches des Kapitals investiert, das Venture Capital-Gesellschaften mobilisieren! In einer Studie des

---

[18] Diese Ausführungen orientieren sich im Wesentlichen an Angaben von BAND e.V., Berlin

Fraunhofer Instituts für Innovationsforschung und Systemanalyse wird das Potenzial in Deutschland auf über 200.000 Business Angels mit einem Investitionsvolumen von rund € 5 Mrd. pro Jahr geschätzt.

Zum anderen ist der informelle Venture Capital-Markt besonders geeignet, junge, innovative und technologieorientierte Unternehmen zu finanzieren. Die Bedeutung von Business Angels in diesem Bereich ist von großer volkswirtschaftlicher Relevanz, da gerade in der Frühphase von Unternehmen der Zugang zu anderen Kapitalquellen beschränkt ist.

Business Angels sind Privatleute, oft vermögend, immer erfahren, die jungen, aufstrebenden Unternehmen unter die Arme greifen möchten. Oftmals noch aktiv im Berufsleben möchten Business Angels den jungen Unternehmen finanziell und mit ihrer Erfahrung helfen. Sie halten sich gerne im Hintergrund und wollen in der Öffentlichkeit ungern in Erscheinung treten. Der große Erfolg von Unternehmen des Silicon Valleys in Kalifornien ist größtenteils Business Angels zuzuschreiben. Ihre Motivation ziehen sie nicht unbedingt aus der rentablen Anlage ihres Kapitals, sondern auch daraus, dass sie die Erfahrung ihres langen Berufslebens nutzen und kurz vor Ende ihrer wirtschaftlichen Betätigung nochmals ein Unternehmen „großziehen" können. Wenn für Banken das Risiko zu groß und für Venture Capital-Gesellschaften der Kapitalbedarf zu gering ist, können Business Angels diese Lücke schließen. In Deutschland erhalten Sie weitere Informationen und Ansprechpartner beim *Business Angels Netzwerk Deutschland e.V. (BAND)* in Berlin (www.business-angels.de).

Abbildung 11:
BAND-
Homepage

Venture Capital Gesellschaften	Eine weitere Möglichkeit der Ausweitung des Eigenkapitals besteht durch Venture Capital Gesellschaften, die ähnlich wie Business Angels Geld und Know-how zur Verfügung stellen, dieses aber professionell machen und von der „Verzinsung" leben. Aufgrund der Bedeutung, die das Venture Capital erlangt hat, ist diesem Thema weiter unten ein eigenes Kapitel gewidmet.

4.5.2　Bankkredit

Fremdkapital	Nach einem Kapitel mit der Überschrift „Eigenkapital" erwarten Sie nun bestimmt Ausführungen zum „Fremdkapital". Doch von den verschiedenen Formen der Fremdkapitalbeschaffung (Anleihe, Darlehen, etc. in ihren verschiedensten Ausprägungen) stellt der Bankkredit wohl diejenige dar, mit der Sie am ehesten und wahrscheinlichsten konfrontiert sind. Deshalb wollen wir uns darauf beschränken.
Wesen des Bankkredites	Bei einem Bankkredit leiht Ihnen die Bank zu einem bestimmten Zinssatz und einer festgelegten Laufzeit Geld, das Sie in bestimmten Raten zurückzahlen müssen. Das dürfte nichts Neues für Sie sein.
	Worauf ist aber nun bei der Aufnahme eines Bankkredites zu achten?
Auswahl der Bank	Es ist entscheidend, bei welcher Bank Sie sich Geld leihen. Nicht nur, dass sich die einzelnen Banken bei den Konditionen der Kredite unterscheiden, wichtiger ist noch, dass Sie durch einen Kredit lange an Ihre Bank gebunden sind.
Aufbau einer Beziehung	Bei der Auswahl der Bank geht es nicht um ein Gelegenheitsgeschäft, sondern um den Aufbau einer langfristigen, vertrauensvollen Beziehung. Ebenso wird sowohl die räumliche Nähe als auch Empfehlungen von Freunden, Bekannten und Geschäftspartnern ein ausschlaggebender Grund für die Wahl einer Bank sein. Versichern Sie sich, dass die Bank Ihren fachlichen Ansprüchen genügt (und keine „Feld, Wald und Wiesen-Bank" ist) und Sie einen guten persönlichen Kontakt zu Ihrem Ansprechpartner aufbauen können.
Hausbank	Es ist immer hilfreich, wenn die Bank, die Ihnen Geld leihen soll, Sie und Ihr Unternehmen bereits kennt. Insofern wird Ihre

erste Anlaufstelle wohl die Bank sein, bei der Sie bereits ein Konto haben.

Kreditver-handlung	Wenn Sie bei Ihrer Bank einen Kredit beantragen wollen, so verfallen Sie nicht in eine „Bittsteller-Haltung", obwohl manche Banken dieses von Ihnen erwarten würden. Sie sind der Kunde! Die Bank lebt von Ihnen. Sie will Ihnen Geld verkaufen und Sie wollen das Geld günstig kaufen. Also haben beide Seiten ein sich ergänzendes Interesse.

Auch wenn es sich leicht sagen lässt, aber gehen Sie offen, sachlich und selbstbewusst in eine Kreditverhandlung.

Ein paar weitere Tipps:

Auftreten	⇨ „Kleider machen Leute" – Sie repräsentieren Ihr Unternehmen und müssen den Kreditgeber davon überzeugen, dass Sie mit seinem Geld vertrauensvoll umgehen können. Überlegen Sie sich, wem Sie Ihr Geld lieber leihen würden: einem schlecht rasierten und ungekämmten Gegenüber in zerrissenen Jeans, oder ...?
Vorbereitung	⇨ Bereiten Sie sich vor: Sie müssen die Bank davon überzeugen, dass das Geld bei Ihnen in guten Händen ist und Sie in Zukunft genug Gewinn erwirtschaften werden, dass Sie den Zins und die Tilgung bezahlen können. Zeigen Sie dazu auf, wozu Sie konkret das Geld brauchen werden.
Pläne	⇨ Dazu gehört ein Liquiditäts- und Finanzplan, der die Geldflüsse der Zukunft aufzeigt. Er wird später im Detail erläutert.
Risiken	⇨ Zeigen Sie auch die Risiken auf: Ein Wirtschaften ohne Risiko gibt es nicht, und das weiß die Bank auch. Es ist deshalb vorteilhaft, wenn Sie von sich aus auf die Risiken aufmerksam machen (natürlich sollten Sie hierauf nicht den Großteil Ihrer Ausführungen verwenden ...)
Präsentation	⇨ Halten Sie Unterlagen bereit: Es ist immer professioneller, seine Aussagen schriftlich oder mit einer Präsentation zu untermauern. Es zeigt auch, dass Sie sich bereits intensiv mit dem Thema auseinandergesetzt haben. Diese Präsentation sollte einen Überblick über Ihr Unternehmen, Ihre wirtschaftliche und finanzielle Situation und den Verwendungszweck des beantragten Kredites mit seinen Auswirkungen beinhalten.
Bonitätsprü-fung	Die Banken sind nach dem Kreditwesengesetz angehalten, eine sorgfältige Bonitätsprüfung durchzuführen, um die Kreditrisiken

so gering wie möglich zu halten. Dazu benötigt die Bank Informationen über Sie, die Sie anhand der folgenden fünf Fragestellungen in Ihre Präsentation einbauen können (oder zumindest parat haben sollten):

? Wer? – Es wird eine umfassende Darstellung des Unternehmens benötigt. Dazu gehören Name, Branche, Gründungsjahr, Gesellschafter, Rechtsform, Situation im Vergleich zur Branche, technische Ausstattung, etc. Weiterhin gehört eine finanzwirtschaftliche Analyse dazu, die z.B. folgende Kennzahlen umfasst: Kapitalstruktur, Liquidität, Ertragslage, stille Reserven, Entnahme- und Investitionspolitik, etc. Außerdem werden Sie über Ihr Privatvermögen Auskunft geben müssen.

? Wofür? – Das wissen Sie sehr genau, denn Sie sollten möglichst detailliert beschreiben können, wofür Sie den Kredit benötigen. Haben Sie keine konkrete Anschaffung geplant und benötigen „ganz allgemein" nur Geld, so ist dieses ein Zeichen für die Bank, dass Sie mit Ihrem Unternehmen in Zahlungsschwierigkeiten stecken. Sagen Sie dieses aber ganz offen, denn früher oder später wird es die Bank ohnehin erfahren.

? Wie viel? – Hier geht es um den Betrag, den Sie benötigen, um Ihre Pläne zu realisieren.

? Wie lange? – Sie sollten der Bank sagen können, wie lange sie den Kredit benötigen und welchen Zeitraum Sie für die Rückzahlung eingeplant haben.

? Wogegen? – Bei dieser Frage geht es um die Absicherung des Kredites. Die Bank will von Ihnen wissen, welche Sicherheiten Sie aufbringen können. Sicherheiten können in erster Linie die in Ihrem Unternehmen verfügbaren Vermögensgegenstände sein. Manchmal wird sich die Bank jedoch auch damit zufrieden geben, dass in Zukunft mit einiger Wahrscheinlichkeit hohe betriebliche Erträge zu erwarten sind, die dann für Zins und Tilgung zur Verfügung stehen. Das setzt natürlich voraus, dass Sie einen sorgfältig ausgearbeiteten Business Plan vorlegen und Ihre Planung überzeugend präsentieren können.

Haben Sie Ihre Bank überzeugen können? Herzlichen Glückwunsch. Und denken Sie daran – ein Kredit ist nichts Verwerfliches. Er hilft Ihnen, und Kredite halten unsere Wirtschaft am Leben. Und solange Sie nicht bis zum Hals in Krediten versunken sind oder nicht wissen, wie sie zurückzuzahlen sind, gibt es keinen Grund, warum man nachts nicht ruhig schlafen sollte.

Ihre zweite Kreditverhandlung wird bestimmt nicht mehr so aufregend wie die erste. Sie sollten sich bewusst sein, dass die zweite Kreditverhandlung bestimmt bald kommt, denn schnell wachsende Unternehmen brauchen auch eine hohe Liquidität.

4.5.3   Förderprogramme

Bund und Länder

Neben den klassischen Finanzierungsmöglichkeiten bieten Bund und Länder verschiedene Förderprogramme an, um Existenzgründern den Start zu erleichtern. Diese Programme haben gerade zu Beginn der Förderung sehr gute Konditionen. Es sollen hier nur die wichtigsten Möglichkeiten vorgestellt werden.[19] Fragen Sie deshalb z.B. bei Ihrer IHK nach neuen oder speziell auf Ihr Bundesland zugeschnittenen Programmen.

4.5.3.1   Überbrückungsgeld

Unterschiede zur Ich-AG

Das Überbrückungsgeld[20] (§57 Sozialgesetzbuch III) wird oft mit der „Ich-AG" (siehe Kapitel 2.2) verwechselt. Bei beiden Arten der staatlichen Bezuschussung handelt es sich zwar um Fördermöglichkeiten für Existenzgründer, aber es gibt zahlreiche, wesentliche Unterschiede.

Das Überbrückungsgeld gibt es bereits seit 1986, ist aber durch die Diskussion um die Hartz-Reform erst jetzt in den Blickpunkt gerückt. Insgesamt haben bereits ca. 1 Mio. Personen das Überbrückungsgeld in Anspruch genommen, im ersten Halbjahr 2003 waren es ca. 80.000 (+35% gegenüber gleichem Zeitraum 2002).

Das Überbrückungsgeld wird vom Arbeitsamt gezahlt und Arbeitnehmern gewährt, die durch Aufnahme einer selbstständigen

---

[19] Stand: August 2003

[20] Vgl. www.ueberbrueckungsgeld.de

Tätigkeit die Arbeitslosigkeit beenden oder vermeiden wollen. Das Überbrückungsgeld wird 6 Monate gezahlt und soll in dieser Zeit Lebensunterhalt und soziale Sicherung garantieren.

Höhe des Über-brückungsgeldes

Der ausgezahlte Betrag ist deutlich höher als das Arbeitslosengeld. Die Höhe richtet sich nach dem zuletzt bewilligten Anspruch auf Arbeitslosengeld bzw. -hilfe. Zusätzlich wird der Betrag ausbezahlt, den das Arbeitsamt ansonsten direkt für Kranken-, Pflege- und Rentenversicherung ausgegeben hätte. Denn um diese Dinge muss sich der Selbstständige künftig ganz alleine kümmern – für sich und ggf. seine Familie. Ein Rechentool zur geschätzten Höhe des Überbrückungsgeldes findet sich unter www.ueberbrueckungsgeld.de. (Nur als Indikator: Beziehen Sie z.B. € 300 Arbeitslosengeld wöchentlich, so bekommen Sie ca. € 2.100 Überbrückungsgeld monatlich.)

Der Existenzgründer kann (und soll) zum Überbrückungsgeld beliebig viel dazuverdienen, es gibt hierfür keinerlei Obergrenzen. Das Überbrückungsgeld muss nicht zurückgezahlt werden, es ist kein Kredit. Es wird ohne Abzüge ausbezahlt, unterliegt also auch nicht der Einkommensteuer. Wenn der Existenzgründer mit seinem Vorhaben scheitert, spannt das Überbrückungsgeld ein Sicherheitsnetz, denn der Anspruch auf Arbeitslosengeld wird 4 Jahre (der Anspruch auf Arbeitslosenhilfe 3 Jahre) nach Beginn der Selbstständigkeit aufrechterhalten. Es gibt allerdings keinen Rechtsanspruch auf Überbrückungsgeld wie bei der Ich-AG. Ob das Arbeitsamt Überbrückungsgeld bewilligt oder nicht, liegt weitgehend in seinem Ermessensspielraum.

Voraussetzungen

Zu den Voraussetzungen, die es ermöglichen, Überbrückungsgeld in Anspruch nehmen zu können, gehören:

- Eine fachkundige Stelle muss die Tragfähigkeit der Existenzgründung positiv bewerten. Als fachkundige Stellen gelten dabei Beratungsstellen der IHK oder ähnliches (zu Existenzgründungsberatung siehe Kapitel 4.4.1). Dazu muss der Gründer zunächst seine persönliche Eignung sowie sein Vorhaben in Form eines Unternehmenskonzepts ausführlich beschreiben.

- Der selbstständigen Tätigkeit muss mindestens 15 Stunden pro Woche nachgegangen werden.

- Seit 2003 kann man auch direkt aus einer angestellten Tätigkeit das Überbrückungsgeld beantragen, muss also nicht arbeitslos gemeldet sein.

Damit ist das Überbrückungsgeld für eine Existenzgründung im IT-Bereich, die auf Wachstum ausgelegt ist, besser geeignet als die Ich-AG. Hinzu kommt noch, dass das Überbrückungsgeld Sie zwingt, einen tragfähigen Business Plan vorzulegen und prüfen zu lassen. Dies ist für eine erfolgreiche Existenzgründung nicht zu unterschätzen.

4.5.3.2   ERP-Eigenkapitalhilfe-Programm (EKH-Programm)

Das ERP-Eigenkapitalhilfe-Programm (ERP=European Recovery Program) der KfW-Mittelstandsbank (KfW = Kreditanstalt für Wiederaufbau) dient der Gründung und Festigung von privaten Existenzen im Bereich der mittelständischen Wirtschaft und der Freien Berufe. Mit dem Darlehen soll vor allem das meist zu schmale Fundament an eigenen Mitteln durch eigenkapitalähnliche Darlehen gestärkt werden. Der Eigenkapitalcharakter dieses Förderprogramms ist insbesondere durch den Verzicht auf Sicherheiten, die nachrangige Haftung, eine 20-jährige Laufzeit und 10 tilgungsfreie Jahre gekennzeichnet.

Andere ERP-Kredite, Darlehen der DtA (Deutsche Ausgleichsbank, jetzt ebenfalls KfW-Mittelstandsbank) und andere staatliche Fördermittel können zusätzlich zu der Eigenkapitalhilfe beantragt werden.

Verwendungszweck – Was wird gefördert?

Eigenkapitalhilfe kann erfolgversprechenden, rechtlich und wirtschaftlich selbstständigen Existenzen im Bereich der gewerblichen Wirtschaft und der Freien Berufe im Bundesgebiet gewährt werden. Die selbstständige Existenz muss für den Antragsteller die Haupterwerbsgrundlage sein, so dass sie bei einer nebenberuflichen Gründung einer Firma nicht beantragt werden kann.

Die EKH kann für folgende Vorhaben gewährt werden:

a) Gründung einer selbstständigen Existenz

b) Beteiligung an einem bestehenden Unternehmen mit hinreichendem unternehmerischen Einfluss

c) Übernahme eines Unternehmens soweit zur wirtschaftlichen Fortführung erforderlich (keine reine Vermögensanlage!)

d) Festigung einer selbstständigen Existenz

Die geförderten Unternehmen müssen Klein- oder Mittelbetriebe sein. Die dabei zugrundegelegten Kriterien sind:

⇨ Nicht mehr als 250 Vollbeschäftigte

⇨ Umsatz nicht mehr als € 40 Mio. oder eine Bilanzsumme kleiner als € 27 Mio.

⇨ Das Unternehmen darf sich zu höchsten 25% im Besitz eines dieser Kriterien nicht erfüllenden Unternehmen befinden.

Bemessungsgrundlage

Die Bemessungsgrundlage stellt den Grund der Förderung dar und danach bemisst sich die Höhe des Darlehens. Gefördert werden nur betriebsnotwendige Investitionen. Dazu gehören z.B.:

⇨ Betriebsgrundstücke und Gebäude

⇨ Betriebsausstattung (Maschinen, Geräte, Büroeinrichtung, Nutzfahrzeuge, etc.)

⇨ Erwerbspreis eines bestehenden Unternehmens

⇨ Beschaffung, bzw. Aufstockung des Material- und Warenlagers

⇨ Aufwendungen für die Markterschließung (Eröffnungswerbung, Maßnahmen zur Anknüpfung von Geschäftskontakten, Marktuntersuchungen, Schulung der Außendienstmitarbeiter, Besuch von Fachmessen, etc.)

Antragsberechtigte – Wer wird gefördert?

Einen Antrag auf Förderung können nur natürliche Personen stellen, die über eine erforderliche fachliche und kaufmännische Qualifikation zur Durchführung des Vorhabens verfügen.

EKH darf – abgesehen von Vorhaben zur Festigung einer selbstständigen Existenz – nur einmal pro Antragsteller bewilligt werden. Wenn ein früheres EKH-Darlehen ohne Schaden abgewickelt wurde, kann dem Antragsteller für ein neues Vorhaben EKH ausnahmsweise ein zweites Mal bewilligt werden.

Der Antragsteller muss seinen Hauptwohnsitz grundsätzlich im Inland haben.

Umfang der Förderung

Der Darlehensumfang beträgt bis zu € 500.000 pro Antragsteller.

Der Antragsteller hat sich durch den Einsatz eigener Mittel an dem Vorhaben zu beteiligen. So bewegt sich die EKH zwischen 15% und 40% der benötigten Gesamtsumme (Bemessungsgrundlage).

Die Zinsen für das Förderprogramm betragen im 1. und 2. Jahr 0%, im 3. Jahr 3%, im 4. Jahr 4%, im 5. Jahr 5%, im 6.-10. Jahr 6,00% (alte Bundesländer) bzw. 5,75% (neue Bundesländer).[21] Danach werden die Zinszahlungen aufgrund eventueller Verschiebungen im allgemeinen Zinsniveau neu festgelegt. Die Tilgung der Mittel erfolgt ab dem 10. Jahr in zwanzig gleichen Halbjahresraten.

Sicherheiten

Der Antragsteller haftet persönlich, banktübliche Sicherheiten sind nicht zu stellen.

Antragsverfahren

Anträge für das Förderprogramm können Sie über Ihre Hausbank einreichen, die entsprechende Vordrucke der KfW bereithält.

Dem Antrag sollten Sie einen Geschäftsplan, der insbesondere folgende Informationen enthält, beilegen:

- Entwicklung der Marktbedingungen

- Standortwahl und -qualität mit den Faktoren Einzugsgebiet, Nachfragepotenzial, Versorgungs- und Konkurrenzsituation

- Konkurrenzfähigkeit des eigenen Leistungs- und Lieferangebotes, insbesondere hinsichtlich Qualität, Service, Präsentation und Preis

- Einschätzung der Wirtschaftlichkeit durch eine realistische Umsatz-, Kosten- und Ertragsvorschau über mehrere Jahre

Außerdem ist dem Antrag eine Stellungnahme einer unabhängigen, fachlich kompetenten Stelle beizufügen, die die Realisierung des Vorhabens befürwortet. Das kann z.B. die Bank oder ein Berater sein.

Zum Zeitpunkt der Antragstellung dürfen Sie mit der Durchführung des Vorhabens noch nicht begonnen haben.

Sie können die Mittel innerhalb eines Jahres nach Zusage abrufen, eine Bereitstellungsprovision fällt nicht an. Nach Durchführung der Investition ist die bestimmungsgemäße Verwendung des Darlehens gegenüber der Hausbank nachzuweisen.

Weitere Informationen

Unter http://www.kfw-mittelstandsbank.de finden Sie weitere Informationen zu dem Programm.

---

[21] Stand: August 2003

4.5.3.3   ERP-Existenzgründungsprogramm

Das ERP-Existenzgründungsdarlehen – ebenfalls von der KfW zur Verfügung gestellt – dient der soliden Finanzierung des Aufbaus und der anschließenden Festigung selbstständiger Existenzen, die einen nachhaltigen wirtschaftlichen Erfolg versprechen lassen. ERP- und EKH-Darlehen können miteinander kombiniert werden.

Verwendungszweck – Was wird gefördert?

Alle Formen der Existenzgründung werden unterschiedslos finanziell unterstützt. Auch Festigungsvorhaben bis zu 3 Jahren nach der Existenzgründung sind förderfähig. Das ERP-Existenzgründerprogramm ist personenbezogen und richtet sich an die Unternehmer selbst (auch dann, wenn mehrere Gesellschafter ein Unternehmen betreiben). Jeder antragsberechtigte Partner hat dann einen eigenen Antrag zu stellen. Dagegen sind stille Gesellschafter, Kommanditisten und Mitglieder einer Genossenschaft nicht antragsberechtigt.

Das ERP-Existenzgründungsprogramm richtet sich an kleine und mittelständische Unternehmen. Dabei sind folgende Obergrenzen zu beachten:

⇨ Der Jahresumsatz darf € 100 Mio. nicht überschreiten.

⇨ Das Unternehmen darf nicht mehr als 250 Mitarbeiter beschäftigen.

⇨ Der Vorjahresumsatz muss geringer als € 40 Mio., bzw. die Vorjahresbilanzsumme geringer als € 27 Mio. sein.

⇨ Das zu fördernde Unternehmen darf nicht zu mehr als 25% im Besitz eines Unternehmen sein, das diesen Anforderungen nicht genügt.

Es werden nur Vorhaben gefördert, mit deren Realisierung noch nicht begonnen wurde.

Antragsberechtigte

Antragsberechtigt sind neben den o.g. Einschränkungen Existenzgründer im Bereich der gewerblichen Wirtschaft sowie Angehörige der Freien Berufe (mit Ausnahme der Heilberufe). Für eine Förderung der Investition ist weder die Staatsangehörigkeit noch der Wohnsitz im In- oder Ausland von Bedeutung.

Die selbstständige Tätigkeit muss auf Dauer angelegt sein und die Haupterwerbsquelle des Antragsstellers darstellen.

Darlehens-
konditionen

Der Darlehenshöchstbetrag pro Kalenderjahr und Antragsteller beträgt € 1 Mio. für Berlin und die neuen Bundesländer, € 500.000 für das übrige Bundesgebiet. Vorhandene Eigenmittel sind entsprechend der Vermögenslage und Ertragskraft des Unternehmens in angemessenem Umfang einzubringen.

Der Zinssatz beträgt für die alten Bundesländer 4,25% p.a. fest für 10 Jahre, für die neuen Bundesländer und Berlin 4% p.a. fest für 10 Jahre.[22] Danach wird ein den ggf. veränderten Rahmenbedingungen angepasster Zinssatz festgelegt.

Die Laufzeit des Darlehens beträgt in den neuen Ländern und Berlin bis zu 15 Jahre (20 Jahre bei Bauvorhaben), wovon maximal 5 Jahre tilgungsfrei sind. Im übrigen Bundesgebiet beträgt die Laufzeit 10 Jahre (15 Jahre bei Bauvorhaben), davon sind höchstens 3 Jahre tilgungsfrei.

Antragsverfah-
ren

Das Darlehen können Sie bei Ihrer Hausbank beantragen. Sie entscheidet über die Anträge und die zu stellenden Sicherheiten in eigenem Ermessen. Unzureichende Sicherheiten können durch die Bürgschaft einer Bürgschaftsbank bzw. Kreditgemeinschaft verstärkt werden. Die KfW ist ein Jahr an ihre Zusage zur Gewährung eines Darlehens gebunden.

Weitere In-
formationen

Nähere Informationen und aktuelle Zinssätze finden Sie unter http://www.kfw-mittelstandsbank.de.

Knowledge
Intelligence
AG

Die Knowledge Intelligence AG (KI AG) (www.ki-ag.de & www.mobileintegrator.de) wurde 1999 gegründet. Das Unternehmen mit Firmensitzen in Köln und Darmstadt entwickelt innovative mobile Anwendungen, die in unterschiedlichsten Wirtschaftsbereichen eingesetzt werden - zum Beispiel im technischen Außendienst, im Facilitymanagement und im Gesundheitswesen. So konnte mit der mobilen KI-Lösung „meditrace" im Frühjahr 2001 die weltweit erste klinische Studie zur mobilen Dokumentation von Patientendaten mit großem Erfolg an zwei Berliner Krankenhäusern durchgeführt werden. Außer mobilen Anwendungen („KI mobile") entwickelt die KI AG IT-Highend-Solutions („KI solutions") und bietet Beratung in den Bereichen Business Intelligence und E-Business („KI consulting") an. Zu den KI-Kunden zählen unter anderem die

---

[22] Stand: August 2003

DaimlerChrysler AG, die Deutsche Post World Net, die Hypovereinsbank, Siemens und die MTU Friedrichshafen.

Im Gegensatz zu vielen anderen Technologieunternehmen, insbesondere die Ende der 90er-Jahre gegründet wurden, wurde die KI AG nicht mit Hilfe von Venture Capital oder anderen externen Investoren gegründet, sondern ganz klassisch mit Hilfe eines Existenzgründungsdarlehen. Diese Linie wurde bis heute beibehalten, was bedeutet, dass die KI AG rein generisch, also aus dem eigenen Cash-Flow, gewachsen ist und auch weiterhin wächst (erwarteter Umsatz 2003: 3 Millionen Euro).

„Vorteil eines solchen generischen Wachstums ist, dass wir vom ersten Tag an gezwungen waren, Entscheidungen danach zu treffen, ob sie auch kurzfristig profitabel sind", sagt Dirk Buschmann, Vorstand der KI AG. Daneben resultiert aus dieser Art der Finanzierung auch ein sehr deutlich ausgeprägtes Kostenbewusstsein. Darüber hinaus war gerade in den letzten beiden Jahren die Unabhängigkeit von externen Kapitalgebern auch ein entscheidender Erfolgsfaktor gegenüber VC finanzierten Unternehmen, so Buschmann, da eine nicht unerhebliche Anzahl von Unternehmen aufgrund des einbrechenden Kapitalmarktes oftmals sehr abrupt nicht weiter finanziert wurden. Sie waren dann nicht in der Lage, kurzfristig ihre Geschäftsmodelle und / oder ihre Kostenstruktur anzupassen, was dann oftmals mit der Insolvenz der Unternehmen geendet hat. Auch wissen Kunden diese eher konservative, auf Nachhaltigkeit ausgerichtete Wachstumsstrategie nach dem Einbruch der New Economy wieder sehr zu schätzen.

Einschränkend ist festzuhalten, dass es natürlich immer wieder Geschäftsideen mit entsprechenden Geschäftsmodellen gibt, die ohne die Zuhilfenahme von externen Investoren erst gar nicht realisierbar wären.

4.5.3.4   DtA-Existenzgründungsprogramm

Neben den bisher aufgezeigten Möglichkeiten der Unterstützung aus dem European Recovery Program (ERP) bietet die KfW-Mittelstandsbank noch ein eigenes Existenzgründungsprogramm an.

Es kann genutzt werden für

<table>
<tr><td>Verwen-
dungszweck</td><td>

a) Gründung einer selbstständigen Existenz, auch Erwerb oder tätige Beteiligung

b) Investitionen zur Festigung einer selbstständigen Existenz (z.B. Errichtung von Filialen, Erweiterung oder Umstellung des Sortiments, Verlagerung des Betriebsstandortes, etc.)

c) Investitionen für neue oder neuartige Produkte bzw. Verfahren (Innovationen)

d) Übernahme von Betrieben oder Betriebsstellen im Zuge von Ausgliederungsmaßnahmen der öffentlichen Hand (Privatisierung) und damit in Zusammenhang stehende Investitionen

e) Errichtung und Schaffung zusätzlicher sozialversicherungspflichtiger Dauerarbeitsplätze

f) Immaterielle Investitionen, insbesondere Qualifizierungs- und Weiterbildungskosten (Humankapital), Aufwendungen zur Markterschließung sowie der Betriebsmittelbedarf

</td></tr>
</table>

Alle Maßnahmen können innerhalb von 8 Jahren nach Geschäftseröffnung mitfinanziert werden.

Mit dem zu finanzierenden Vorhaben soll noch nicht begonnen worden sein. Ausgeschlossen sind die Umschuldung bzw. Nachfinanzierung bereits abgeschlossener Investitionen.

Ebenso werden keine Sanierungsfälle gefördert.

Der Höchstbetrag der Förderung beträgt € 2 Mio. Die Laufzeit schwankt zwischen 5 und 20 Jahren, bis zu 2 Jahre sind tilgungsfrei.

<table>
<tr><td>Weitere Informationen</td><td>

Weitere Informationen über das Programm können Sie ebenfalls unter http://www.kfw-mittelstandsbank.de finden.

</td></tr>
</table>

4.5.3.5 Weitere Förderprogramme der Kreditanstalt für Wiederaufbau

<table>
<tr><td>KfW-
Mittelstands-
programm –
Liquiditätshilfe</td><td>

Das *KfW-Mittelstandsprogramm* unterscheidet sich nur marginal vom DtA-Existenzgründungsprogramm. Der Hauptunterschied besteht darin, dass bei dem KfW-Mittelstandsprogramm der Hauptadressatenkreis ausschließlich mittelständische Unter-

</td></tr>
</table>

nehmen sind und der Kredithöchstbetrag € 5 Mio. beträgt. Die Antragstellung erfolgt ebenfalls über Ihre Hausbank.

Das *KfW-Mittelstandsprogramm – Liquiditätshilfe* bietet Unternehmen mit vorübergehenden Liquiditätsengpässen (aber ansonsten positiven Zukunftsaussichten) Hilfe an. Die Kredite dienen der langfristigen Finanzierung von Liquiditätsbedarf und sind einsetzbar für die Behebung von vorübergehenden Liquiditätsengpässen (z.B. von verzögerten Forderungseingängen, Forderungsausfällen, etc.). Weiterhin ist es einsetzbar zur Verbesserung der Finanzierungsstruktur (z.B. Umschichtung von Kontokorrentkrediten und anderen kurzfristigen Passiva) und eine Ausweitung der Unternehmensaktivitäten (z.B. Vergrößerung des Warenlagers, Aufstockung der Betriebsmittel, etc.).

Jedes Unternehmen kann die Liquiditätshilfe nur einmal beantragen. Die Anträge werden über die Hausbank gestellt, die auch die Zukunftsaussichten des Unternehmens einschätzt.

Weitere Informationen

Zu beiden Programmen erhalten Sie nähere Informationen unter www.kfw-mittelstandsbank.de.

4.5.3.6   Förderprogramme der Länder

Alle Bundesländer bieten Existenzgründern und mittelständischen Unternehmen eine Vielzahl eigener Förderprogramme an, die allerdings einem permanenten Wandel unterliegen. Dieses liegt an den sich ständig verändernden politischen und wirtschaftlichen Rahmenbedingungen. Generell lässt sich zwischen Kredit-, Bürgschafts- und Kapitalbeteiligungsprogrammen unterscheiden.

Auch gibt es besondere Förderprogramme, z.B. für Existenzgründungen von Frauen, Förderung von Qualitätsmanagement, etc.

Jedes Bundesland stellt auf Anfrage eine oder mehrere Broschüren zur Verfügung, die die aktuellen Programme beschreiben. Fordern Sie daher unbedingt die Broschüre Ihres Bundeslandes bei dem zuständigen Wirtschaftsministerium an oder recherchieren Sie unter www.gruenderlinx.de.

4.5.4   Venture Capital

Eine andere als die klassischen Möglichkeiten der Finanzierung stellt das in den letzten Jahren zunehmend populärer gewordene Venture Capital, auf deutsch „Wagniskapital", dar. Gerade für Internet-Firmen, die innovative Ideen und starkes Wachstum vorweisen, ist dieses eine interessante Art der Finanzierung.

Wesen

Ein Wagniskapitalgeber verhält sich auf den ersten Blick recht merkwürdig: Er gibt Geld an ein junges Unternehmen (dessen Erfolg am Markt nicht gewiss ist), legt keine Verzinsung oder Tilgung fest und verlangt obendrein dafür noch nicht einmal Sicherheiten und erwirbt dann nur eine im Verhältnis zum eingesetzten Kapital relativ kleine Stimmbeteiligung.

Zielgruppe

Wer kommt auf die Idee, so etwas zu tun, wo liegt der Nutzen für den Venture Capitalist? Bei näherer Betrachtung wird das Motiv deutlich: Der Kapitalgeber sucht sich nur junge, innovative und wachstumsträchtige Unternehmen aus. Unternehmen, die eine gute Idee oder ein gutes Produkt haben, aber nicht genug Kapital, um diese Idee zu verwirklichen. Er erwirbt Beteiligungen nur von Unternehmen, die ein hohes Wertsteigerungspotenzial aufweisen. Der erwartete kalkulatorische Wertzuwachs des investierten Kapitals bewegt sich zwischen 25% und 50% pro Jahr. Im Bundesverband Deutscher Kapitalbeteiligungsgesellschaften (www.bvk-ev.de) sind derzeit 201 Venture Capital-Gesellschaften organisiert. Diese haben im Jahr 2002 € 2,5 Mrd. neu investiert und hatten einen Portfoliobestand von € 16,7 Mrd. in 6.112 Unternehmen. Zum Vergleich: in 2001 lag das Neugeschäft noch bei € 4,4 Mrd.

Hohes Risiko —hohe Rendite

Der Venture Capitalist geht zwar ein hohes Risiko ein (denn nicht jedes Unternehmen wird erfolgreich sein), doch dieses Risiko wird durch extrem hohe Return-Rates wieder aufgewogen und ausgeglichen. Langfristig erhofft sich der Venture Capitalist, das Unternehmen an die Börse zu bringen oder anderweitig zu verkaufen, denn dann wird sich sein Kapitalanteil schlagartig in seinem Wert vervielfachen und für das Unternehmen bedeutet der Börsengang, dass es auf relativ sicheren Füßen steht.

Fachliche Unterstützung

Da der Venture Capitalist sein Kapital einem Unternehmen anvertraut, das sich noch in der Startphase befindet, ist er selbst auch an einer erfolgreichen Entwicklung des Unternehmens interessiert. Aus diesem Grund bietet er den Existenzgründern oftmals auch fachliche Hilfe an. Dazu gehören die Vermittlung von Kontakten und Beratungen in schwierigen Situationen. Ein Venture Capitalist ist somit eher Partner denn reiner Kapitalgeber für den Existenzgründer.

Vorteile

Die Vorteile einer Finanzierung durch Venture Capital für den Existenzgründer sind somit:

❑ Kapital zu guten Konditionen (keine Verzinsung, keine Tilgung, keine Sicherheiten)

❑ Der Venture Capitalist ist professioneller Partner, der günstig Hilfe bieten kann

❑ Venture Kapitalgeber fordern selten mehr als 50% der Gesellschafteranteile, der Kapitalanteil ist oftmals ein Vielfaches des dafür erhaltenen Stimmanteils.

Nachteile

Dem stehen allerdings auch Nachteile gegenüber:

❑ Abgabe von Stimmrechten an Venture Capitalist

❑ Zusätzlicher Erfolgsdruck durch Venture Capitalist

❑ Nicht jede(s) Unternehmen(sidee) wird durch Venture Capital gefördert.

Bestehende Bankkredite

Oftmals ist Venture Capital nur erhältlich, wenn schon Bankkredite bestehen oder in Aussicht sind, denn Venture Capitalists sehen sich ungern nur als alleinige Investoren.

Verkauf der Anteile

Nach einigen Jahren, wenn das Unternehmen „auf eigenen Füßen steht", verkaufen die Venture Capitalists ihre Anteile (natürlich zu einem vielfachen Wert des ursprünglichen Kaufpreises), meistens an die übrigen Gesellschafter, an andere Unternehmen oder bringen das Unternehmen an die Börse.

Zu erfüllende Kriterien

Nun wird es Sie interessieren, ob Ihr Unternehmen, bzw. Ihre Idee ein potenzieller Kandidat für ein Venture Capital Projekt wäre. Deshalb im Folgenden einige Merkmale, die ein typisches, mit Venture Capital finanziertes Unternehmen aufweisen sollte:

⇨ **Marktwachstum:** Der Markt stellt das Umfeld für das Unternehmen dar. Da Venture Capitalists bevorzugt Unternehmen mit großen Wachstumschancen unterstützen, ist ein wachsender Markt eine Kernvariable dafür. In einem stagnierenden oder gar schrumpfenden Markt wird sich auch das beste Unternehmen schwer tun, deutlich zu wachsen.

⇨ **Innovation:** Wie bereits mehrfach angedeutet sind innovative Produkte, Fertigungsverfahren oder Technologien für viele Venture Capitalists Grundvoraussetzung für deren Engagement. Aufgrund des Wissensvorsprungs des eigenen Unternehmens und daraus resultierender Markteintrittsbarrieren für Mitbewerber sind nur so in den Anfangsjahren entsprechende Wachstumsraten zu erwarten.

⇨ **Kundennutzen:** Die Geschäftsidee bzw. das daraus resultierende Produkt muss kundenorientiert sein, also einen Nutzen für den Kunden aufweisen.

⇨ **Geschäftskonzept:** Das Geschäftskonzept muss akkurat und schlüssig sein. D.h. es muss auf überzeugenden Annahmen und Fakten beruhen und ebenso argumentiert werden. Ein schlüssiges und nachvollziehbares Konzept trägt im Allgemeinen wesentlich zur Vermeidung von Illiquidität und letztendlich Konkurs bei.

⇨ **Management:** Das Management des Unternehmens spielt eine Schlüsselrolle beim Erfolg der Idee, denn letztendlich steht und fällt die Umsetzung des Konzeptes mit den Fähigkeiten des Managements, also Ihnen. Der Venture Capitalist interessiert sich dafür, ob alle erforderlichen Fähigkeiten und Kenntnisse zur erfolgreichen Unternehmensführung bei Ihnen (und evtl. Ihren Partnern) vorhanden sind, denn Sie werden sein Geld verwalten! Dabei sind bisherige Erfolge (auch Misserfolge, wenn Sie daraus gelernt haben!) höher zu bewerten als akademisches Fachwissen oder Ausbildung. Auch sollte Ihr Management-Team interdisziplinär besetzt sein (also mit Technikern und Kaufleuten, bzw. mit Spezialisten für Marketing, Vertrieb, Finanzen, etc.). (Selbstverständlich ist dieses erst ab einer gewissen Unternehmensgröße realistischerweise umzusetzen.)

Unter www.e-venture.info befindet sich in der Rubrik *Tools* u.a. ein *E-Scanner*, mit dem Sie den Reifegrad Ihres Unternehmens aus Sicht eines potenziellen Investors prüfen lassen können.

Gleichermaßen finden Sie dort einen *E-Ideencheck*, mit dem Sie Ihre Geschäftsidee etwas objektiviert betrachten können, und einen *E-Investmentcheck*, der Ihnen bei der Prüfung, ob Sie für Ihr Unternehmen Venture Capital Investoren gewinnen können, hilft.

4.6   Der Business Plan – aufwändig, aber notwendig

Planung

Die Zukunft zu planen, ist die beste Möglichkeit, sie vorherzusehen. Das gilt auch für die Gründung eines Geschäfts. Um Überraschungen der Zukunft zu vermindern, hilft Ihnen ein Business Plan.

Wesen des Business Plans

Die wörtliche Übersetzung von Business Plan (BP) ist Geschäftsplan, doch wird diese Übersetzung seiner Bedeutung im Geschäftsleben nicht gerecht. Er ist auf keinen Fall zu verwechseln mit einem Geschäftsbericht oder Jahresabschluss. Ein Business Plan ist eine detaillierte Darstellung Ihrer Geschäftsidee und deren Umsetzung. In dem Business Plan werden mögliche Problemfelder, auf die Sie stoßen werden, frühzeitig erörtert und Lösungsstrategien erarbeitet. Der Business Plan dient dazu, Dritte (z.B. Investoren und Banken) von Ihrer Idee mit stichhaltigen Argumenten zu überzeugen.

4.6.1   Sinn und Zweck eines BP

Ursprung in den USA

In den USA diente der BP zur Vorlage bei Venture Capital-Gebern, damit diese sich einen Überblick über das geplante Vorhaben verschaffen konnten. Nachdem die Idee des Venture Capitals nach Europa kam, gewann der BP auch hierzulande zunehmend an Bedeutung. Sie wollen als Existenzgründer potenzielle Investoren von Ihrer Idee und deren Realisierbarkeit überzeugen und gleichzeitig demonstrieren, dass Sie die Komplexität und vielfältigen Aspekte, die eine Unternehmensgründung mit sich bringt, aufarbeiten können.

Unternehmerisches Gesamtkonzept

Ein BP beschreibt im Detail das unternehmerische Gesamtkonzept in all seinen Facetten und wird so zum Schlüsseldokument einer erfolgreichen Unternehmensgründung. Er erfasst das wirtschaftliche Umfeld, die gesetzten Ziele und die dafür benötigten Mittel. Er zeigt Ihnen auch, wo Sie mit Problemen zu rechnen haben. Weiterhin zwingt die Erstellung eines BP Sie dazu, Ihre Geschäftsidee in allen Einzelheiten zu durchdenken und Ihre Entscheidungen zu begründen.

Aber nicht nur zur Unternehmensgründung stellt er eine Hilfe dar, sondern auch in der folgenden Zeit gibt er Ihnen einen selbst verfassten und durchdachten Leitfaden an die Hand.

Daraus ergeben sich drei Zielbereiche Ihres Businessplans:

⇨   Formulierung Ihrer Idee und deren Realisierung

⇨   Überzeugung von Investoren

⇨   Planungsgrundlage

4.6.2   Hinweise zur Gestaltung von Business Plänen

Kein allge-
mein verbind-
licher Aufbau

Business Pläne folgen keinem einheitlichen oder genormten Aufbau und es gibt auch kein Geheimrezept, wie Business Pläne am besten geschrieben werden. Aber dennoch gibt es einige wesentliche Merkmale, die es zu beachten gilt:[23]

❑   **Evolution** – der BP kann nicht „in einem Rutsch" fertig geschrieben werden, das ist auch nicht erforderlich. Vielmehr entwickelt er sich über den Zeitraum, in dem Sie Ihre Geschäftsidee entwickeln. Sie erhalten neue Informationen, z.B. über neue Lieferanten oder geänderte Preise, Sie stellen fest, dass es für ein globales Marketing nicht reicht, bei *Yahoo!* in Deutschland zu werben und Sie müssen Preise von anderen Werbeplatz-Anbietern einholen, Sie finden, dass Sie Ihr Geschäft doch nicht alleine aufziehen können und fragen sich, wie teuer wohl ein Student ist, der Ihnen gelegentlich hilft, etc. Das sind Fragen, die erst im Laufe der Zeit auf Sie zukommen, aber nach und nach in Ihren BP eingebaut werden. Das Beste ist, Sie nehmen sich pro Woche ein paar Stunden Zeit und reflektieren, was sich in der vergangenen Woche in Bezug auf Ihre Planung und Umsetzung Ihrer Idee alles geändert hat. Dieses schreiben Sie gleich in den BP. So wächst er mit der Konkretisierung Ihrer Idee.

❑   **Klarheit und Strukturiertheit** – Ein BP soll den Leser – in erster Linie Kreditgeber – von Ihrer Idee überzeugen. Er hat

---

[23] Es gibt einige Anbieter im Internet, die sich mit Business Plänen beschäftigen. Dazu gehört auch die NUK in Köln (www.n-u-k.de), an die einige der folgenden Aussagen – insb. die Leitfragen – anlehnen.

Fragen und versucht, Ihre Idee zu verstehen und zu bewerten. Die Antworten bekommt er aus Ihrem BP. Also sorgen Sie dafür, dass er klar und übersichtlich aufgebaut ist und die Fragen eines potenziellen Investors zufriedenstellend beantworten kann. Versetzen Sie sich in seine Lage! Was würde Sie interessieren, was müssten Sie wissen, bevor Sie Ihr Geld in ein Projekt wie Ihres investieren? Ihr BP sollte nicht mit einer Fülle von Daten- und Zahlenmaterial oder technischen Details aufwarten. Vom Umfang haben sich 35 +/- 5 Seiten als ausreichend herausgestellt, um alles Wesentliche zu beschreiben.

❑ **Sachlichkeit** – Sie sind begeistert von Ihrer Idee und würden lieber heute als morgen mit der Umsetzung anfangen. Diese Euphorie ist nur verständlich, doch für einen BP unangebracht. In einem BP sollten die Argumente sachlich gegeneinander abgewägt werden können. Eine überschwängliche Darstellung Ihrer Idee in Form eines Werbetextes ist hier fehl am Platze.

❑ **Technische Detaillierung** – Angenommen, Sie wollen ein technisch hochkompliziertes Produkt, das Sie selber entwickelt haben, über das Internet vertreiben. Dieses Produkt steht natürlich im Mittelpunkt Ihrer Bemühungen, aber nicht Ihres BP! Ein Business Plan ist das wirtschaftliche Konzept Ihres Unternehmens und nicht eine technische Spezifikation Ihres Produktes. Selbstverständlich müssen Sie das Produkt beschreiben und herausarbeiten, warum es sich gegenüber der Konkurrenz durchsetzen wird, denn es wird die Grundlage Ihres wirtschaftlichen Erfolges sein, aber das ist nur ein Teilaspekt eines erfolgreichen BP.

❑ **Optik** – Schließlich sollte ein BP auch optisch sauber und professionell wirken. Dazu gehört ein einheitliches Schriftbild, Beschriftung von Abbildungen und Tabellen, eine korrektes Inhaltsverzeichnis und evtl. eine Kopfleiste mit Firmenlogo.

Aber wie soll ein BP nun aufgebaut sein und wie wird er erstellt?

Generell lässt sich sagen, dass es dafür keine Musterlösung gibt. Es gibt Ideen und Vorschläge, wie Sie Ihren BP aufbauen können, mit Hinweisen, was in einem guten BP nicht fehlen darf. Doch die konkreten Inhalte hängen von Ihrem Geschäft, Ihrer Geschäftsidee und den Aspekten, die Sie für relevant halten, ab.

Darüber hinaus sollte der BP auch Zielgruppen-orientiert verfasst werden. Deshalb kann hier nur eine Struktur aufzeigt werden, die Sie für Ihre Bedürfnisse abwandeln können, ja sogar müssen.

Neues Geschäftsvorhaben

Die folgenden Punkte sind für den Business Plan eines neuen Geschäftsvorhabens vorgesehen. Bei bereits existierenden Unternehmen sollte noch ein Punkt eingefügt werden, der die aktuelle Situation (unternehmensintern und Stellung im Markt) beschreibt.

4.6.3   Executive Summary

Überblick

Das Executive Summary soll das Interesse des Lesers wecken und ihm einen kurzen Überblick über den kompletten Business Plan geben. Dazu gehört ein kurzer Abriss über alle folgenden Punkte, also insbesondere auch den Kundennutzen, das Produkt (die Dienstleistung) an sich, den Markt, die erwarteten Umsätze und Kosten sowie den Finanzbedarf.

Bedeutung des Executive Summary

Ein potenzieller Investor wird sich zuerst das Summary anschauen. Er wird seine Investitionsentscheidung nie von dem Executive Summary abhängig machen, aber es entscheidet darüber, ob er die Idee für sinnvoll und realistisch hält und dann den Business Plan weiterliest oder nicht. Mit anderen Worten: Das Executive Summary wird den Investor nie dazu bewegen, Ihr Vorhaben zu fördern, es kann ihn jedoch überzeugen, dieses nicht zu tun! Insofern kommt dem Executive Summary eine entscheidende Bedeutung zu.

Neutral und sachbezogen

Deshalb achten Sie in Ihrem Executive Summary auf eine knappe und sachbezogene Darstellung. Ihr Executive Summary sollte in zehn Minuten zu lesen (und zu verstehen) sein.

Das Executive Summary schreiben Sie am besten zuletzt und fassen darin die übrigen Kapitel Ihres BP kurz zusammen.

4.6.4   Unternehmen

Überblick über das Unternehmen

Hierbei geht es darum, dem Leser einen Überblick über Ihr Unternehmen zu geben und ihm eine Vision zu vermitteln. Ziele und Ideen stehen dabei eindeutig im Mittelpunkt.

Unterneh-
mensprofil

a) Unternehmensprofil

Hier geben Sie eine kurze Darstellung Ihres Unternehmens, Sie wollen dem Leser Ihr Unternehmen näher
bringen. Dazu gehört die Erläuterung der Rechtsform-
sowie Standortwahl für Ihr Unternehmen und die geplante Eigentümerstruktur.

> **Leitfragen: Unternehmen – Unternehmensprofil**
>
> ✓ Was ist Ihr Geschäft, welche Markt- und Produkt /
>   Dienstleistungsbereiche decken Sie ab?
>
> ✓ Welche Geschichte hat das Unternehmen?
>
> ✓ Welche Rechtsform planen Sie für Ihr Unterneh-
>   men? Warum gerade die gewählte?
>
> ✓ Welchen Standort wählen Sie für Ihr Unternehmen?
>
> ✓ Welche Gesellschafterstruktur planen Sie für Ihr
>   Unternehmen?

Unternehmens-
strategie

b) Unternehmensstrategie

Hier machen Sie deutlich, welche Ziele und welche Strategie zur Erreichung der Ziele Ihr Unternehmen verfolgt.
Es ist dabei zu unterscheiden, welche Ziele Sie persönlich
und welche Ihr Unternehmen verfolgt. Sie persönlich
können z.B. auf ein regelmäßiges hohes Einkommen
oder im Gegensatz dazu auf ein hohes (Unternehmens-)
Vermögen am Ende Ihres Arbeitslebens bedacht sein.

Systematisie-
rung mögli-
cher Ziele

Ihr Unternehmen hingegen kann die verschiedensten
Ziele verfolgen. Eine Systematisierung möglicher Ziele ist
im Folgenden dargestellt.

* **Monetäre Ziele:** Zielsetzungen, die sich in Geldeinheiten messen lassen

  1. Streben nach Gewinn

      a) absoluter Gewinn

      b) relativer Gewinn (Rentabilität)

  2. Streben nach Umsatz

  3. Streben nach Wirtschaftlichkeit

- **Nicht-monetäre Ziele:** ökonomische, aber auch sittlich-ethische, soziale, politisch oder gesellschaftspolitische Zielsetzungen

  1. Erhaltungsziele: z.B. Substanzerhaltung, Existenzsicherung

  2. Leistungswirtschaftliche Ziele: z.B. Produktivität

  3. Ethische und soziale Ziele: z.B. Unabhängigkeit, Arbeitsplatzerhaltung / -schaffung

  4. Externe Ziele: z.B. Macht, Prestige

  5. Sonstige Ziele: z.B. Wille zur schöpferischen Betätigung

Monetäre vs. nicht-monetäre Ziele

Den meisten Unternehmen geht es wohl primär um die Erreichung monetärer Ziele, da diese erst das Setzen von nicht-monetären Zielen ermöglichen. Das Vorhaben, Arbeitsplätze zu schaffen, wird nur gelingen, wenn das Unternehmen wachsen kann. Dies wiederum setzt eine regelmäßige Umsatz- und Gewinnausweitung voraus. Beachten Sie auch, dass einige Ziele komplementär zueinander sind (eine Umsatzausweitung kann meistens nur mit zusätzlichen Arbeitskräften bewältigt werden), andere Ziele dagegen konkurrieren (Gemeinnützigkeit wirkt sich kurzfristig meistens negativ auf das Ergebnis aus).

Es geht weiterhin darum, wie Sie gedenken, diese Ziele zu erreichen.

Strategien zur Zielerreichung

Dazu bieten sich drei unterschiedliche Strategien an, die dazu dienen Wettbewerbsvorteile zu erreichen. Prinzipiell gibt es zwei Grundtypen von Wettbewerbsvorteilen: niedrige Kosten oder gegenüber den Wettbewerbern differenzierte und für den Kunden mit einem höheren Nutzen verbundene Produkte. Werden diese beiden Grundtypen mit der Breite des Betätigungsfeldes der Unternehmung kombiniert, so ergeben sich drei grundsätzliche Arten von Strategien: *Kostenführerschaft, Produktdifferenzierung* und *Konzentration auf Schwerpunkte.*[24]

---

[24] Vgl. Porter, M. E. : Wettbewerbsstrategie, S. 67.

Abbildung 12:
Systematik der
Geschäftsfeld-
strategien

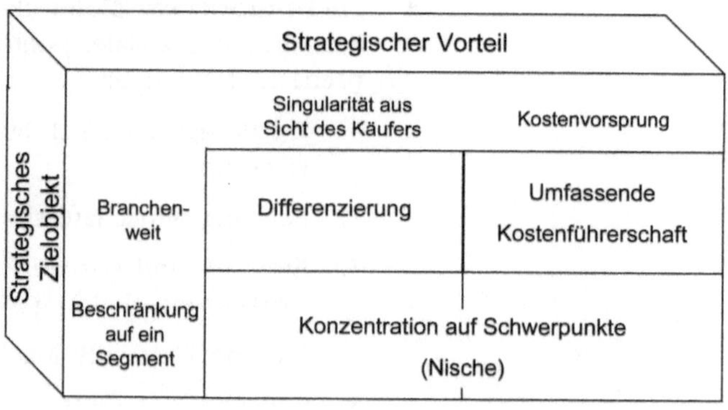

a)   Strategie der Kostenführerschaft

Wettbewerbs-
vorteil durch
niedrige Kos-
ten

Eine Strategie der Kostenführerschaft zeichnet sich dadurch
aus, dass ein Wettbewerbsvorteil durch niedrige Kosten und
daraus resultierenden niedrigen Angebotspreisen entsteht.
Die Kostenminimierung kann durch eine hohe Ausbrin-
gungsmenge in Verbindung mit dem Erfahrungskurveneffekt
und durch eine laufende Analyse und Optimierung der
Kosten erreicht werden. Der Erfahrungskurveneffekt besagt,
dass bei einer Verdoppelung der kumulierten Ausbrin-
gungsmenge die Stückkosten um 20-30% fallen.[25]

Effizienz

Die Strategie der Kostenführerschaft ist eine Strategie der Ef-
fizienz, da versucht wird, mit möglichst geringen Mitteln eine
größtmögliche Wirksamkeit zu erzielen. Wenn Sie in Ihrer
Branche als Preisnehmer auftreten (also keinen nachhaltigen
Einfluss auf den Marktpreis haben), so bringen Ihnen niedri-
gere Kosten einen höheren Ertrag. Können Sie dagegen den
Preis beeinflussen, so können Sie durch niedrige Preise
Wettbewerbsvorteile erreichen und damit Ihren Marktanteil
gegenüber Ihren Konkurrenten ausweiten. Ein zusätzlicher
Wettbewerbsvorteil ergibt sich dadurch, dass die Eintrittsbarrieren für neue Wettbewerber aufgrund niedriger Preise höher liegen als bei einer durchschnittlichen Kosten- und Preis-
situation. Gerade im Internet mit seiner hohen Preistransparenz bietet sich diese Strategie an, um sich im Markt bekannt
zu machen.

---

[25] Siehe dazu auch die Ausführungen über „Fixkostendegression" und „Economies of Scale" auf Seite 119.

Kombination
mit anderen
Strategien

Allerdings darf sich Ihr Unternehmen nicht ausnahmslos auf diese Strategie konzentrieren, sondern Sie sollten durch Differenzierungsbemühungen dem Kunden attraktive Produkte anbieten, da Sie ansonsten ausschließlich durch niedrige Preise die Kunden zum Kauf bewegen können. Dadurch stellt der Kostenvorteil aber keinen Ertragsvorteil mehr dar. Die Gefahr liegt darin, dass Sie möglicherweise die niedrigen Preise nicht lange halten können, bzw. ein oder mehrere Wettbewerber einen ruinösen Preiskampf beginnen.

Als bedeutender Nachteil einer solchen Strategie ist zudem die fehlende Flexibilität und Anpassungsfähigkeit auf veränderte Umweltbedingungen, Marktbedürfnisse und neue Technologien zu nennen, da die Kostenführerschaft zu einer starken Spezialisierung auf kostengünstige Produkte und Verfahren führt.

b)   Strategie der Differenzierung

Zusätzliche
Leistungsvor-
teile

Mit einer Strategie der Differenzierung wird das Ziel verfolgt, die Produkte / Dienstleistungen um zusätzliche Leistungsvorteile zu erweitern, damit dem Kunden ein Mehrwert geboten werden kann. Durch diese Strategie erreichen Ihre Produkte branchenweit sowohl eine Sonderstellung als auch einen Wettbewerbsvorteil, da sie sich von denen der Wettbewerber abheben. Der Ertragsvorteil der Differenzierung liegt darin begründet, dass die Kunden bereit sind, den Mehrwert durch höhere Preise zu honorieren, dass sie an Ihre Firma gebunden werden und dass die Preisempfindlichkeit verringert wird.

Die Differenzierung ist eine Strategie der Anpassungsfähigkeit und Flexibilität, da durch eine Differenzierung des Produktprogramms das Unternehmen besser auf die Kundenwünsche reagieren kann.

Differenzie-
rungs-
möglichkeiten

Eine Differenzierung kann z.B. erreicht werden durch:

- Differenzierung der Produkteigenschaften

    ⇨ technologischer Standard (Innovationen, zusätzlicher Nutzen, Problemlösungen)

    ⇨ Qualität (Zuverlässigkeit, Benutzerfreundlichkeit, Anpassungsfähigkeit)

    ⇨ Ästhetik (Farbe, Design, Form)

- Differenzierung des Services

  ⇨ Pre-Sale-Service (Information, Beratung, Beschreibung des Mehrwertes)

  ⇨ Distributions-Service

  ⇨ After-Sale-Service (Auftragsabwicklung, Einweisung, Garantie, Ersatzteilservice, Schulungsservice)

Nachteile

Die Differenzierungsstrategie weist jedoch auch Nachteile auf. Obwohl die Kostenorientierung nicht das primäre strategische Ziel darstellt, darf Ihr Unternehmen trotz der höheren Ertragsspannen die Kostensituation nicht völlig ignorieren, denn sobald der Kostenvorteil günstigerer Konkurrenzprodukte den Nutzenvorteil der eigenen Produkte überwiegt, wird die Nachfrage nach den eigenen Produkten nachlassen. Des Weiteren werden Nachahmer versuchen, die Differenzierungsvorteile auf ihre Produkte zu übertragen, um dadurch ihre eigenen Wettbewerbsnachteile zu minimieren. Das bedeutet für Sie, dass eine einmal begonnene Differenzierungsstrategie nur erfolgreich ist, solange immer weitere Differenzierungsvorteile geschaffen werden können.

Z.B. bietet der *Otto-Versand* neben dem eigentlichen Katalogangebot im Internet vielseitige Zusatzdienste, wie Reisedienste, einen Geschenkefinder, einen Restpostenmarkt und eine virtuelle Anprobe an.

Als weiteres Beispiel sei der als Buchhändler gestartete Internet-Dienst Amazon genannt: Mittlerweile hat sich Amazon weit davon entfernt und bietet nun bspw. auch Software, Elektronik und Küchengeräte an.

Abbildung 13: Screenshot von Amazon.de

Solche Zusatzdienste finden sich bei fast jedem der erfolgreichen Online-Shops.

c)   Strategie der Konzentration auf Schwerpunkte

Nischenstrate-
gie

Die Strategie der Konzentration auf Schwerpunkte, auch Nischenstrategie genannt, bedeutet eine Spezialisierung auf eine bestimmte Produkt- bzw. Kundengruppe oder einen regional abgegrenzten Markt (Nische), wobei innerhalb dieser Nische zusätzlich sowohl die Strategie der Kostenführerschaft als auch die der Differenzierung denkbar ist. Das Ziel der Nischenstrategie ist, in einer kleinen Marktnische eine gewisse Immunität gegen die Wettbewerbskräfte zu erreichen.

Strategie für
kleinere Un-
ternehmen

Bei dieser Vorgehensweise beruht der Wettbewerbsvorteil auf der Überlegung, dass Ihr Unternehmen in einem kleinen und abgegrenzten Marktsegment besser auf die Bedürfnisstruktur der Kunden eingehen und diese besser zufrieden stellen kann. Aufgrund des niedrigen Umsatzvolumens bietet sich diese Strategie eher für kleinere als mittlere und große Unternehmen an. Sollten Sie als IT-Berater ein profundes Detailwissen auf einem Spezialgebiet haben, so können Sie die Nischenstrategie verfolgen. Sie werden dann der profilierte Experte auf Ihrem Fachgebiet.

Nachteile

Das wesentliche Risiko der Nischenstrategie ist, dass der Erfolg in der Nische andere Unternehmen anzieht und der Nischenvorteil dadurch schwinden kann. Für Sie als Anbieter im Internet bietet sich eine Nischenstrategie dann an, wenn Sie Ihren Shop nebenberuflich aufbauen wollen und in einem Spezialmarkt – der Nische – sich z.B. aufgrund eines Hobbys sehr gut auskennen. Mit Ihrem vorhandenen Know-how stellen Sie für die Kunden einen idealen Service-Partner dar, der sich in der Branche auskennt.

Nach diesen grundsätzlichen Überlegungen zur Realisierung Ihrer Unternehmensziele gilt es noch eine weitere strategische Entscheidung zu treffen, nämlich die des Markteintritts:

Markteintritt: „Kleine Schritte" vs. „Big Bang"-Strategie

Markteintritts-
strategie

Es ist die Frage zu klären, wie Sie in den Markt eindringen wollen. Setzen Sie sich einfach „mit an den Tisch" und versuchen so nach und nach die Aufmerksamkeit zu erlangen oder fallen Sie gleich mit „Getöse und Geschrei" in den Markt ein?

Für beide Alternativen gibt es Argumente und es hängt letztlich von den Zielen ab, die Sie und Ihr Unternehmen verfolgen.

„Kleine Schritte"

Mit einer Strategie der kleinen Schritte treten Sie in den Markt ein, ohne das zunächst jemand so recht Notiz davon nimmt. Vielleicht ein paar Bekannte, die es wieder anderen erzählen. Oder man kann Sie über Suchmaschinen im Netz finden und Sie verschaffen sich nach und nach, wenn das Geschäft läuft, einen immer höheren Bekanntheitsgrad. Das geschieht über gute Arbeit (und daraus resultierender Mund-zu-Mund-Propaganda) und vereinzelter Werbung.

Vorteile

Die Strategie der kleinen Schritte hat den Vorteil, dass Sie das Terrain erst einmal sondieren können. Sie können schauen, ob Ihr Geschäft läuft; wie die Akquise funktioniert; ob die Prozesse sauber laufen, etc. Zudem ist dieses eine gute Variante, wenn Sie Ihr Unternehmen nebenberuflich starten. Sie können dann nach einer Weile abschätzen, ob Ihr Geschäft gut läuft und Sie eventuell Ihren Hauptberuf aufgeben können.

Keine Marktmacht

Der Nachteil dieser Strategie liegt darin, dass Sie keine große Marktmacht haben. Sollte Ihre Idee wirklich innovativ und gut sein, so dauert es nicht lange, bis der erste Konkurrent aktiv wird und ebenfalls im Netz präsent ist. Sollte er nun das nötige Kapital haben, um richtig die Werbetrommel zu rühren, so könnte es sein, dass Sie ziemlich schnell von Ihrem Nachahmer abgehängt werden. Er hat Sie überrollt.

„Big Bang"

Einen Gegensatz zur „Strategie der kleinen Schritte" stellt die „Big Bang"-Strategie dar. Bei dieser Vorgehensweise der Markteroberung fallen Sie „mit Pauken und Trompeten" in den Markt ein. Schon lange bevor Ihr Unternehmen offiziell seine Türen öffnet, machen Sie bereits Werbung, und das nicht zu knapp. Sie platzieren Werbebanner auf den meistfrequentierten Web-Seiten und schalten Annoncen in den größten PC- und IT-Zeitschriften. Sie bauen Kontakte zu den bekanntesten Tageszeitungen auf und versuchen Artikel über Sie dort zu platzieren. Mit anderen Worten: Sie rühren kräftig die Werbetrommel – bevor es los geht, aber noch mehr, während Sie bereits gestartet sind.

Aufmerksamkeit, aber hohe Kosten

Der Vorteil dieser Strategie ist, dass Sie die Aufmerksamkeit auf sich ziehen und Ihr Angebot bekannt machen. Sie können mit vielen Anfragen rechnen, und das ist eine Grundvoraussetzung für erfolgreiche Abschlüsse. Der Nachteil dieser Strategie liegt auf der Hand: Sie kostet ein halbes Vermögen und Sie müssen auf den Ansturm der Kunden vorbereitet sein. Sollten den hohen

Einstiegskosten in absehbarer Zeit keine angemessenen Erlöse gegenüberstehen, so kann Ihnen Überschuldung und Illiquidität drohen.

Alles in allem lässt sich sagen, dass sich die „Strategie der kleinen Schritte" am ehesten für Unternehmer eignet, die klein, vielleicht noch ohne Mitarbeiter und auf Basis bestehender Kundenkontakte starten wollen. Die „Big Bang"-Strategie eignet sich sehr gut für bereits existierende Unternehmen, die die Bedeutung des Internets erkannt haben und es jetzt neben den bestehenden Absatzkanälen produktiv nutzen möchten.

Leitfragen: Unternehmen – Unternehmensstrategie

✓ Welche langfristigen Ziele haben Sie für Ihr Unternehmen gesteckt?

✓ Was sind die kritischen Erfolgsfaktoren zur Erreichung der Ziele?

✓ Mit welcher Strategie (Kostenführerschaft, Differenzierung oder Nische; „kleine Schritte" vs. „Big Bang") wollen Sie diese Ziele erreichen?

✓ Was sind dafür wichtige Meilensteine?

✓ Wie sehen die dafür geplanten nächsten Schritte aus?

4.6.5   Produkt oder Dienstleistung

Da sich Ihr Geschäft auf ein Produkt oder eine Dienstleistung gründet, stellt dieses den Mittelpunkt Ihres Vorhabens dar. Sie müssen dem potenziellen Investor Ihr Produkt und dessen Funktionalität vorstellen. Dabei sollten Sie sich aber nicht in technischen Details verlieren.

Nutzen des Produktes

Ihr Geschäftserfolg beruht darauf, dem Kunden durch den Erwerb des Produktes oder der Dienstleistung einen Nutzen zu verschaffen, der größer ist als der Preis, den er zahlen muss. Deshalb müssen Sie dem Leser des BP die Vorteile für den Kunden aufzeigen. Versetzen Sie sich in die Lage des Kunden, und wägen Sie Vor- aber auch Nachteile Ihres Produktes genau ab.

Vergleichbare Produkte

Außerdem sollten Sie den Leser auch über vergleichbare Produkte des Wettbewerbs aufklären und die Unterschiede zu Ihrem Produkt erläutern. Sie sollten bei vergleichbaren Produkten den Zusatznutzen, den Ihr Produkt bietet, aufzeigen können. Wenn Sie mehrere Produkte bewerten, so achten Sie darauf, einen gleichen Maßstab anzulegen. Durch eine Analyse des Marktes und der Wettbewerbsprodukte demonstrieren Sie, dass Sie sich im Markt auskennen und über die Konkurrenz informiert sind.

Prototyp und Pilotkunden

Sollte es bei Ihrem Produkt um eine technische Neuerung handeln, die Sie über das Internet vertreiben wollen (dabei kann es sich auch um eine Softwarelösung handeln, die das Internet nutzt wie z.B. eine automatisierte und personalisierte Darstellung von Aktienkursen), so überzeugt ein bereits existierender und funktionierender Prototyp den Investor am ehesten. Gleiches gilt, wenn Sie Pilotkunden benennen können, die Ihr Produkt bereits testen.

Absehbare Schwierigkeiten

Sollte es bei der Entwicklung des Produktes noch absehbare Schwierigkeiten geben, so sollten Sie diese bereits jetzt aufzeigen. Das erhöht Ihre Glaubwürdigkeit und bewahrt Sie vor unangenehmen Fragen, wenn sich später herausstellen sollte, dass die Schwierigkeiten bereits bei der Verfassung des Business Plans abzusehen waren.

Gesetzliche Vorschriften

Nicht zu unterschätzen sind auch gesetzliche Rahmenbestimmungen, die Sie beachten sollten (wie z.B. TÜV-Vorschriften, Post-Zulassung, Bundesgesundheitsamt). Stellen Sie dar, welche Zulassungen schon beantragt sind, wie der Bearbeitungsstand dort ist und welche Zulassungen noch ausstehen.

Leitfragen: Produkt / Dienstleistung – Kunden vorteile

✓ Wer ist Ihre Zielgruppe? Welche Kunden sprechen Sie an?

✓ Welche Bedürfnisse haben diese Kunden?

✓ Wie kann Ihr Produkt helfen, diese Bedürfnisse zu befriedigen?

✓ Welche Partnerschaften sind zur vollen Realisierung des Kundennutzens notwendig?

✓ Welche Konkurrenzprodukte zu Ihrem Produkt existieren bereits oder sind in der Entwicklung?

> **Leitfragen: Produkt / Dienstleistung – Entwicklung**
>
> ✓ Wie sieht der aktuelle Stand der Technik aus?
>
> ✓ Worin besteht die Innovation durch Ihr Produkt?
>
> ✓ Besitzen Sie Patente oder Lizenzrechte?
>
> ✓ Ist das Produkt vom Gesetzgeber zugelassen?
>
> ✓ Planen Sie weitere Entwicklungsschritte?
>
> ✓ Wie viel Zeit / Ressourcen planen Sie für die weitere Entwicklung?
>
> ✓ Wie sieht Ihr Service- und Wartungsangebot aus?

Fertigungsprozess

Von Interesse könnte weiterhin noch der Fertigungsprozess sein, wenn Sie Ihr Produkt selbst fertigen. Dieser darf dann selbstverständlich nicht im Business Plan fehlen.

4.6.6   Marktanalyse

Eine Marktanalyse gehört zu den fundamentalen Inhalten eines Business Plans. Ein Produkt oder eine Dienstleistung, für die kein Markt existiert, kann nicht abgesetzt werden (es sei denn, Ihnen sollte das Kunststück gelingen, Ihren eigenen Markt zu schaffen).

Elemente einer Marktanalyse

Zu einer Marktanalyse gehört eine genaue Beschreibung der Branche und des Gesamtmarktes, der Marktsegmente und des Wettbewerbs.

Bevor wir uns diese drei Kategorien näher anschauen, soll auf die Grundlage jeder Analyse hingewiesen werden. Dies sind Informationen.

Informationsbeschaffung

Der Markt existiert außerhalb Ihres Unternehmens und wird von anderen Teilnehmern mitgestaltet. Deshalb benötigen Sie zur Marktanalyse externe und verlässliche Informationen. Diese Informationen werden Sie im Regelfall nicht zur Hand haben, sondern sich beschaffen müssen. Die Informationsbeschaffung stellt bei der Marktanalyse den schwierigsten Teil dar.

Fragenkatalog

Um den Aufwand möglichst gering zu halten, überlegen Sie sich, welche Informationen Sie benötigen. Stellen Sie dazu einen Fragenkatalog auf, mit dessen Hilfe Sie den Markt gut beschreiben können. Versetzen Sie sich dazu in die Lage des Lesers: was würde ihn interessieren, um eine gute Vorstellung über den Markt zu bekommen?

Dazu gehören u.a. der gesamte Marktumsatz, Anzahl der Unternehmen in dem Markt, Anzahl der (Haupt-) Kunden, aber auch der Einfluss externer Größen (Konjunktur, Gesetzgebung, etc.).

Informations-
quellen

Für die Beschaffung der Informationen sollten Sie ein wenig Kreativität an den Tag legen, seien Sie nicht scheu und nutzen Sie alle vorhandenen Informationsmöglichkeiten. Dazu gehören:

- Literatur (Bücher, Fachzeitschriften, Aufsätze, Studien-, Magister- und Diplomarbeiten, Marktstudien)

- Branchenverzeichnisse

- Verbände und Behörden (Statistische Ämter, IHKs, Patentamt)

- Kommerzielle Datenbanken (Genios, Factiva, Dialog, etc.)

- Internet (grenzen Sie Ihre Suchfelder ab, experimentieren Sie mit Suchbegriffen; mit der richtigen Suchstrategie ist das Internet eine wahre Informations-Goldgrube)

- Interviews

Expertenwis-
sen

Gerade der letzte Punkt „Interviews" unterscheidet sich von den vorherigen maßgeblich dadurch, dass Sie nicht nur Zugriff auf druckbare Informationen haben, sondern durch die Experten auch Zugang zu implizitem, also nicht digitalisierbarem Wissen haben. Hier finden Sie Informationen über die Besonderheiten des Marktes, das Verhalten einzelner Marktteilnehmer sowie aktuelle Entwicklungen. Nutzen Sie diese Informationsquelle und „telefonieren Sie sich durch". Sie werden erstaunt sein, wie bereitwillig die Leute Ihnen Auskunft erteilen werden, denn schließlich reden viele Leute gerne über das Gebiet, auf dem sie sich auskennen.

Datenquellen

Über soziodemografische Daten der Internet-User und ihr Verhalten gibt es verschiedene Studien, die Ihnen bei der Analyse des Marktes helfen können: u.a. www.cyberatlas.com, www.w3b.de, www.survey.net.

Informationen über die Marktentwicklung in der IT-Branche bekommen Sie z.B. beim Branchenverband BITKOM e.V. (www.bitkom.org):[26]

Abbildung 14:
ITK-Marktentwicklung

ITK-Markt Deutschland	Marktvolumen (in Mrd. Euro)					Wachstumsraten			
	2000	2001	2002	2003	2004	01/00	02/01	03/02	04/03
Summe ITK	132,1	134,7	132,0	132,6	136,6	2,0%	-2,0%	0,5%	3,0%
Summe Informationstechnik[1]	70,9	71,5	68,2	66,9	68,4	0,9%	-4,6%	-1,8%	2,1%
Summe Telekommunikation[2]	61,2	63,2	63,8	65,7	68,2	3,2%	0,9%	3,0%	3,8%
Summe ITK Hardware u. Systeme[3]	45,4	41,9	37,5	36,4	37,1	-7,7%	-10,4%	-3,0%	1,8%
Computer Hardware	24,1	22,0	19,9	19,3	19,7	-8,6%	-9,4%	-2,9%	1,8%
TK-Endgeräte	7,8	5,9	5,3	5,2	5,2	-24,5%	-9,7%	-2,4%	1,4%
Bürotechnik	2,5	2,5	2,4	2,2	2,2	0,5%	-5,9%	-5,4%	-0,9%
Datenkommunikations- u. Netzinfrastruktur	11,0	11,5	10,0	9,7	9,9	4,3%	-13,4%	-2,8%	2,7%
Software	14,4	15,2	15,1	15,1	15,3	5,4%	-0,8%	-0,3%	1,8%
IT-Services	25,9	27,2	26,3	25,8	26,5	4,7%	-3,1%	-1,9%	2,7%
Telekommunikationsdienste[4]	46,4	50,5	53,0	55,3	57,7	8,9%	5,1%	4,4%	4,2%

[1] Computer Hardware, Bürotechnik, Datenkommunikationshardware, Software, IT-Services
[2] TK-Endgeräte, Netzinfrastruktur, Telekommunikationsdienste
[3] Computer Hardware, TK-Endgeräte, Bürotechnik, Datenkommunikations- u. Netzinfrastruktur
[4] ohne Carrier-to-Carrier Geschäft

Elemente der
Marktanalyse

Die einzelnen Elemente der Marktanalyse sind:

a)   Branche und Gesamtmarkt

Branche und
Gesamtmarkt

Geben Sie einen Überblick über die Branche, in der sich Ihr Unternehmen befindet. Erläutern Sie dazu, welche Haupteinflussfaktoren auf die Branche wirken. Beschreiben Sie weiterhin, wo sich Ihr Unternehmen in der Branche momentan befindet, welche Entwicklungen die Branche in Zukunft machen wird (neue Technologien, gesetzliche Rahmenbedingungen) und wie Sie darauf reagieren werden.

Fünf Wettbewerbskräfte

Eine Branche ist eine Gruppe von Unternehmen, die ähnliche oder eng verwandte Produkte an Abnehmer verkaufen. Die Struktur einer Branche und damit ihre Attraktivität ist nach Michael E. Porter, einem amerikanischen Ökonom und Professor in Harvard, bestimmt durch fünf Wettbewerbskräfte:[27] *Markteintritt neuer Konkurrenten, Gefahr von Ersatzprodukten, Verhandlungsstärke der Abnehmer, Verhandlungsstärke der Lieferanten* und *Rivalität unter den vorhandenen Wettbewerbern.*

---

[26] Quelle: BITKOM e.V., Kennzahlen zur ITK-Branchenentwicklung, März 2003

[27] Porter, Michael E.: Wettbewerbsvorteile.

Abbildung 15:
Die fünf
Wettbewerbs-
kräfte nach
Porter

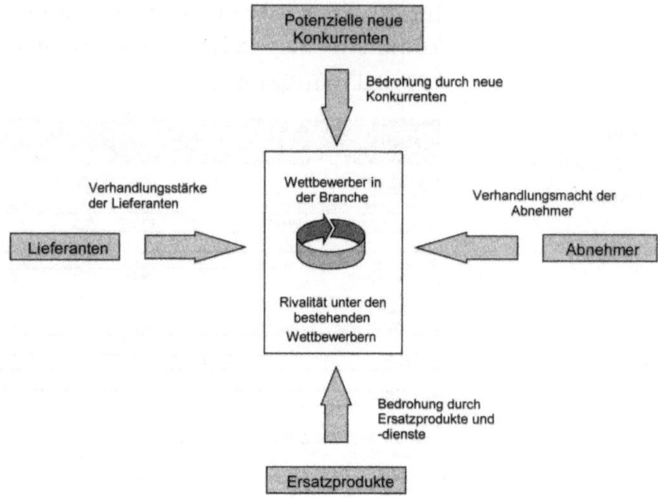

Attraktivität
der Branche

Die Summe dieser fünf Kräfte entscheidet über die Attraktivität einer Branche, also ob ein Unternehmen dauerhaft und nachhaltig gewinnbringend wirtschaften kann. Nach Porter bestimmen nicht die äußere Gestalt oder technische Komplexität der Produkte einer Branche die Rentabilität, sondern die Branchenstruktur. Entscheidend für ein einzelnes Unternehmen ist nämlich, ob es den geschaffenen Mehrwert für sich selbst behalten kann, oder ob dieser Wert von anderen „wegkonkurriert" wird. Bei niedrigen Eintrittsbarrieren beispielsweise können durch neue Mitbewerber die Preise sinken, so dass die Gewinne mit anderen Wettbewerbern geteilt werden müssen.

Dieses Modell der fünf Wettbewerbskräfte kann Ihnen als Leithilfe und Schema dienen, welche Punkte Sie bei der Analyse Ihrer Branche berücksichtigen müssen.

> **Leitfragen: Marktanalyse – Gesamtmarkt**
>
> ✓ Wie entwickelt sich die Branche insgesamt? Wie dynamisch ist die Entwicklung?
>
> ✓ Welche Rolle spielen Innovation und technologischer Fortschritt?

> ✓ Wie groß ist der Gesamtumsatz und -absatz in der Branche? Sind irgendwelche Trends erkennbar?
>
> ✓ Welche ökonomischen Entwicklungen beeinflussen die Branche? Wie beeinflusst der Gesetzgeber die Branche? Ist die Entwicklung kalkulierbar?
>
> ✓ Wodurch wird das Wachstum in der Branche bestimmt? Externe oder interne Faktoren?
>
> ✓ Wo findet der Wettbewerb statt? Welche Strategien werden verfolgt?
>
> ✓ Welche Eintrittsbarrieren gibt es? Wie stark ist die Macht der Lieferanten?
>
> ✓ Welche Renditen werden in der Branche erwirtschaftet?

b)   Marktsegmente

Marktsegmentierung

Der allgemeinen Erläuterung über die Branche schließen sich nun Ausführungen über den speziellen Markt innerhalb der Branche an, den Sie bedienen wollen.

Dazu müssen Sie den Markt segmentieren. Darunter versteht man die Abgrenzung einzelner Kundengruppen voneinander, die alle ein ähnliches Verhalten oder ähnliche Eigenschaften aufweisen. Die Grundannahme der Marktsegmentierung liegt darin, dass sich die Kunden in ihren Bedürfnissen oder Nutzenerwartungen gegenüber Ihrem Angebot unterscheiden.

Segmentierungskriterien

Die Segmentierungskriterien können Sie je nach Ihren Bedürfnissen frei wählen, um Ihre Zielgruppe genau beschreiben zu können. Neben der Homogenität der Kunden in den einzelnen Gruppen ist wichtig, dass Sie alle Kunden mit derselben Werbestrategie erreichen können.

Beispiele für Segmentierungskriterien wären z.B. Kaufverhalten, Regionen, demografische oder psychografische (z.B. Werte, Motive, Einstellungen) Kriterien, Produkteinsatz, etc. So könnte eine von Ihnen definierte Zielkundengruppe sein: alle Single-Haushalte mit einem jährlichen Einkommen von mehr als € 50.000 in Ballungsräumen, die ein Haustier besitzen.

Auf diese Art und Weise können Sie genau die Personengruppen festlegen, die Sie ansprechen wollen. Im Anschluss an diese Definition sollten Sie die Größe dieses Marktsegmentes in Relation zu dem Gesamtmarkt stellen und den potenziellen Umsatz in diesem Marktsegment ermitteln. Beachten Sie dabei auch Ihre Wettbewerber und einen möglichen Preisverfall.

Wichtig bei der richtigen Beschreibung der Segmente und der möglichen Entwicklung sind die Begriffe Marktanteil, Marktvolumen, Marktpotenzial und Marktkapazität. Die nachfolgende Grafik verdeutlicht den Unterschied:

Abbildung 16: Unterscheidung wichtiger Marktbegriffe

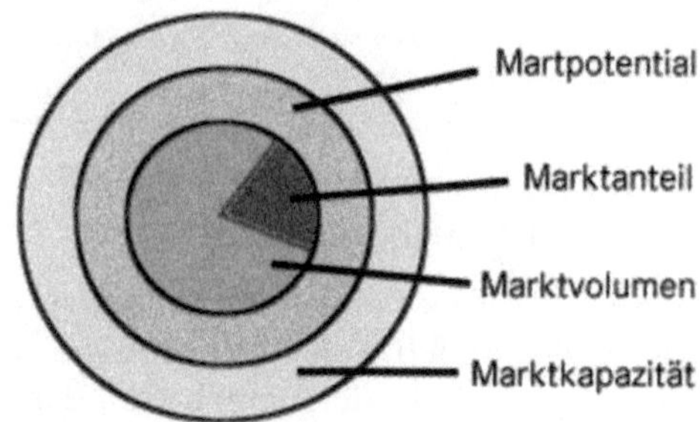

Der Marktanteil stellt das kleinste Segment dar. Er entspricht genau Ihrem absatz- oder umsatzmäßigen Anteil an dem gesamten Absatz oder Umsatz der Branche (Marktvolumen). Das Marktpotenzial ist das in einigen Jahren erreichbare Marktvolumen. Seine Größe beruht immer auf einer Schätzung. Die Marktkapazität ist die theoretisch maximale Größe des Marktes ohne Berücksichtigung der Kaufkraft.

> **Leitfragen: Marktanalyse – Marktsegmente**
>
> ✓ Wie segmentieren Sie den Markt? Warum?
>
> ✓ Wer ist die Zielkundengruppe?
>
> ✓ Wie hoch schätzen Sie Ihren Absatz und Umsatz in den nächsten fünf Jahren ein?
>
> ✓ Welches Absatzvolumen besitzen die einzelnen Segmente? Wie wird es sich entwickeln?

> ✓ Wie profitabel sind die einzelnen Segmente?
>
> ✓ Gibt es einzelne Großabnehmer? Wie ist Ihr Kontakt zu ihnen? Wie ist die Abhängigkeit von den Großkunden in der Branche?
>
> ✓ Haben Sie bereits Referenzkunden?
>
> ✓ Was sind die kaufentscheidenden Faktoren in der Branche? Wer entscheidet über einen Kauf?
>
> ✓ Welche Rolle spielen Service, Wartung, Beratung und Einzelverkauf?

c)   Wettbewerb

Wettbewerbs-
analyse

Schließlich sollten Sie noch Ihre Wettbewerber betrachten. Welche Kundengruppen sprechen sie an, wo gibt es Überschneidungen und wo sind Sie „Platzhirsch".

Untersuchen Sie hierbei auch Kriterien wie Preisgestaltung, Produktlinie, Marktanteil, Serviceleistungen, Größe des Unternehmens, Kostenposition, Vertriebskanäle, etc. Im Sinne einer übersichtlichen Darstellung untersuchen Sie nur die Haupt-Wettbewerber und verzichten auf einen zu hohen Detaillierungsgrad.

> **Leitfragen: Marktanalyse — Wettbewerb**
>
> ✓ Welche wichtigen Wettbewerber bieten vergleichbare Produkte an?
>
> ✓ Welche Neuentwicklungen sind zu erwarten?
>
> ✓ Welche Zielkundengruppen sprechen Ihre Wettbewerber an?
>
> ✓ Welche Marktanteile halten Ihre Wettbewerber?
>
> ✓ Welche Kostenstrukturen haben sie?
>
> ✓ Wie profitabel sind die Wettbewerber?
>
> ✓ Welche Vertriebskanäle nutzen die Wettbewerber? Welche Marketing-Strategien verfolgen sie?
>
> ✓ Vergleichen Sie Stärken und Schwächen der wichtigsten Wettbewerber mit Ihren eigenen. Wo liegt Ihr Wettbewerbsvorteil?

4.6.7 Marketing, Absatz und Vertrieb

Marketing-konzept

Ein Marketingkonzept dient der Absatzförderung des Produkts oder der Dienstleistung. Mit Hilfe des Konzeptes sollen Sie Wege und Möglichkeiten darlegen, wie Sie die identifizierten Marktpotenziale ausschöpfen können. Ein Marketingkonzept setzt sich aus vier Teilbereichen zusammen, die im Folgenden erörtert werden.

a) Distributionskonzept

Vertriebska-näle

Mit dem Distributionskonzept wird im Detail festgelegt, wie Sie Ihr Produkt „an den Mann" bringen wollen. Es berücksichtigt, wie Ihre Vertriebskanäle aussehen sollen und welche Kosten dabei entstehen.

Im Allgemeinen gibt es verschiedene Vertriebskanäle, die in der folgenden Abbildung dargestellt sind:

Abbildung 17: Vertriebska-näle

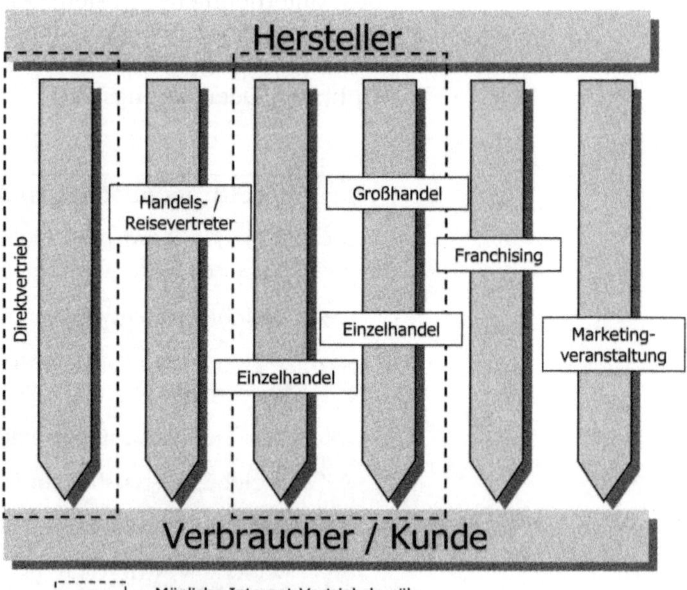

Handels- und Reisevertreter

Neben dem Einsatz eines Handels- oder Reisevertreters kann man die Produkte über den Groß- und Einzelhandel, bzw. nur den Einzelhandel oder ein Franchisingsystem vertreiben. Unter Marketingveranstaltung sind Sonderaktionen oder Messeauftritte zusammengefasst bei denen das Produkt ebenfalls direkt dem Kunden verkauft wird.

Im Internet: Direktvertrieb oder Einzelhandel

Bei einem Online-Shop beispielsweise ist der Vertriebsweg meistens schon festgelegt — der Direktvertrieb oder der Vertrieb über den Einzelhandel, wobei Sie den Einzelhändler darstellen. Letzteres wird der häufigere Fall sein, solange Sie Ihr Produkt nicht selber fertigen. Sie beziehen dann die Waren direkt vom Hersteller oder Großhändler zu Einkaufskonditionen und sind ein „Einzelhändler ohne Ladengeschäft".

Da der Kunde kein Geschäft aufsucht, wo er die Ware gleich mitnehmen könnte, sondern aus der Ferne ordert, muss die Ware zu ihm kommen. Die Ausschaltung margenschmälender Zwischenhändler ist einer der Vorteile eines Online-Shops. Dazu gibt es in Abhängigkeit der Beschaffenheit des Produkts zwei Varianten:

Immaterielle Güter

1. immaterielle Güter: Wenn Ihre Produkte immateriell und digitalisierbar sind (wie Software, Literatur, Zeitschriften, etc.), also in Dateiform vorliegen, so können Sie sie direkt per Internet an den Kunden versenden oder ihm einen Server im Internet nennen, wo er sich die Datei herunterladen kann.

Dieses ist sicherlich der einfachste Weg, die Produkte zu vertreiben. Allerdings kann er nur für eine begrenzte Anzahl an Produkten verwendet werden. Der weitaus größere Teil sind

Materielle Produkte

2. materielle Produkte: Um Ihr Produkt zum Kunden zu bringen, kann er es sich irgendwo abholen oder Sie schicken es ihm zu. Der erste Fall ist nicht sinnvoll, da der Kunde gerade deshalb online bestellt, um seine Einkäufe von zu Hause aus erledigen zu können. Folglich muss das Produkt zu ihm kommen. Dazu haben Sie als Händler die Wahl zwischen mehreren Alternativen. Beschränken Sie sich auf eine lokale Konsumentenstruktur, so können Sie die Waren ausfahren. Das bietet sich z.B. an, wenn Sie als Lebensmittelhändler Ihren Kunden ermöglichen, per Internet bei Ihnen einzukaufen. In diesem Fall würde sich die zweite, durchaus gängige Me-

thode, der Versand per Post oder Paketdienst, nicht anbieten.

Paketdienste

Sind Ihre Produkte transportfähig, so haben Sie bei dieser Versandart die Auswahl zwischen mehreren Anbietern, wie dem Deutschen Paketdienst (DPD), German Parcel Service (GPS), TNT, United Parcel Service (UPS) und der DHL. Aufgrund unterschiedlicher Tarifstrukturen ist eine allgemeingültige Aussage über die finanzielle Vorteilhaftigkeit des einen oder anderen Anbieters nicht möglich. Die Preise variieren in Abhängigkeit von der Paketgröße, dem Gewicht, der Entfernung und der gewünschten Transportgeschwindigkeit. Am Besten ist, wenn Sie sich die kompletten Preistafeln zukommen lassen und das für Ihre Bedürfnisse geeignetste Angebot auswählen.

Die Abholung der Pakete bei Ihnen zu Hause und die Möglichkeit, sich jederzeit darüber informieren zu können, wo sich Ihre Lieferung auf dem Weg zum Kunden befindet, war früher ein Vorteil der privaten Paketdienste. Dieses bietet die Post AG mit ihrem Paketdienst DHL aber seit einiger Zeit ebenfalls an.

Weitere Ausführungen zum Thema „Vertrieb im Internet", die nicht speziell auf Ihren Business Plan abzielen, finden Sie in Kapitel 7.

b)   Kommunikationskonzept

Kommunikation

Das Kommunikationskonzept legt dar, wie Sie Ihre Kunden auf sich, Ihre Firma und Ihr Produkt aufmerksam machen. Vereinfachend kann man dabei von Werbung sprechen, doch gehören auch Maßnahmen wie Direktansprache, Messeauftritte und Sponsoring dazu. Da das Thema „Werbung im Internet" von größter Bedeutung ist, wird in Kapitel 6 näher auf die Möglichkeiten, die das Internet zur Werbegestaltung bietet, eingegangen. Hier wird der Schwerpunkt mehr auf die Inhalte des Business Plans gelegt.

Werbemaßnahmen

Man sagt, „Klappern gehört zum Handwerk" und es ist tatsächlich ein Schlüssel zum Erfolg. Der beste Web-Auftritt, die günstigsten Konditionen und das ausgeklügelste Service-Konzept bringen nichts, wenn der Kunde nicht davon erfährt. Sie sollten einen Teil Ihres Budgets für Werbemaßnahmen bereithalten, und in Abhängigkeit davon, ob Sie „in kleinen Schritten" oder per „Big Bang"-Strategie den Markt erobern wollen, muss das Werbebudget entsprechend groß sein. Da Sie bereits Ihre Zielgruppe definiert haben, können Sie Ihre Werbemaßnahmen gezielt auf diese Zielgruppe zuschneiden. Wenn Sie z.B. Babynahrung verkaufen, bringt eine Anzeige in der Zeitschrift „Wild & Hund" naturgemäß weniger als in der Zeitschrift „Eltern". Erläutern Sie dem Leser des BP, in welchen Zeitschriften Sie inserieren wollen und warum.

Ebenfalls ratsam ist natürlich die Werbung im Internet selber. Da dies eine relativ neue Form der Werbung ist, sollten Sie dem potenziellen Investor eine kurze Erläuterung zum Thema „Online-Werbung" geben (siehe dazu Kapitel 6).

Grundsätzlich lässt sich aber sagen, dass die Kommunikationsform, die für Sie am effizientesten ist, natürlich davon abhängt, wie Ihr Unternehmen aussieht. Das Marketing eines IT-Beraters konzentriert sich vielleicht eher auf Broschüren und das einer Softwarefirma z.B. auf Anzeigenkampagnen.

Leitfragen: Marketing — Kommunikation

✓ Wie machen Sie Ihre Zielkunden auf Ihr Produkt aufmerksam?

✓ Welche Werbemittel nutzen Sie dabei?

✓ Welche Bedeutung haben Service, Wartung oder Hotline?

✓ Welche Ausgaben fallen für Werbemaßnahmen an? Bei der Einführung und laufend?

---

c)   Preisgestaltung

Angebotspreis

Das Internet zeichnet sich dadurch aus, dass der Verbraucher eine hohes Maß an Preistransparenz erhält. Es gibt Agenturen, die sich hauptsächlich damit beschäftigen, den günstigsten Preis für ein Produkt ausfindig zu machen (z.B. www.guenstiger.de). Sofern Sie nicht in einer Branche mit Preisbindung agieren (z.B. Bücher, Zeitschriften), müssen Sie sich Gedanken über Ihren Angebotspreis machen.

Preisfindung

Sie sollten sich bei der Preisfindung nicht an Ihrem billigsten Konkurrenten orientieren, sondern auch Ihre Kosten im Blick haben. Sie können Ihre Preisuntergrenze, also Ihren niedrigsten Angebotspreis kalkulieren, indem Sie alle anfallenden Kosten berechnen:

Abbildung 18:
Kalkulation
des Angebotspreises

	Einkaufspreis
+	Weiterverarbeitungskosten (Material und Personalkosten)
+	Verwaltungskosten
+	Vertriebskosten (Porto, Verpackung, etc.)
=	Stückkosten
+	Gewinnaufschlag
=	Barverkaufspreis
+	Skonto
=	Nettoverkaufspreis
+	Rabatt
=	Angebotspreis

Mehrwertsteuer

Die Umsatzsteuer findet in dieser Rechnung keine Beachtung, da sie entweder

a) bei Ihnen ein durchlaufender Posten ist, wenn Sie sie ausweisen. Dabei ist Ihr Angebotspreis ohnehin ein Nettopreis; oder

b) wenn Sie Kleingewerbetreibender sind und zur Umsatzsteuerbefreiung optiert haben, Ihr Angebotspreis „brutto=netto" ist, und die Umsatzsteuer somit in den Kosten bereits enthalten ist (siehe dazu den Exkurs „Besteuerung von Kleinunternehmern" auf Seite 54).

Sollte sich herausstellen, dass Sie mit dem kalkulierten Angebotspreis weit über dem Ihrer Wettbewerber liegen, so können Sie einerseits versuchen, Ihre indirekten Kosten zu senken oder andererseits einen günstigeren

Lieferanten zu finden. Sind Sie nur knapp über dem Preis eines Wettbewerbers, aber unter den Preisen anderer, so sollten Sie dem Kunden klar machen, warum Ihre Produkte teurer sind. Zeigen Sie die Vorteile Ihres Produktes, Ihres Services oder Ähnliches auf. Bedenken Sie auch, dass Wettbewerber evtl. bewusst eines oder wenige ihrer Produkte mit Verlust kalkulieren, in der Hoffnung, dadurch Kunden anzuziehen, die dann zusätzlich andere teurere Produkte kaufen.

Fixkostendegression

Nicht zu vergessen ist auch die sogenannte Fixkostendegression und die „Economies of Scale". Fixkostendegression bedeutet, dass sich bei steigender Absatzmenge die Fixkosten auf mehrere Stück abgesetzter Produkte verteilen können und dadurch das einzelne Produkt billiger angeboten werden kann. Zahlen Sie z.B. € 500 pro Jahr für Ihre Domain und das Webhosting, so müssen Sie diesen Betrag irgendwie verdienen. Da der Betrag immer konstant bleibt und unabhängig von der verkauften Menge Ihrer Produkte ist, müssten Sie bei 100 abgesetzten Produkten jeweils € 5,- für das Webhosting verdienen. Verkaufen Sie dagegen 1000 Stück, so fallen pro Stück nur noch € 0,50 für das Webhosting an. Das schlägt sich natürlich in dem Angebotspreis nieder.

Economies of Scale

Die „Economies of Scale" beziehen sich ebenfalls auf die abgesetzte (eigentlich: produzierte) Menge an Gütern. Diese Theorie besagt ebenfalls, dass die Kosten pro Stück bei steigender Absatz- bzw. Produktionsmenge sinken. Diese Effekte beruhen auf Lern- und Erfahrungswerten. Wenn Sie täglich 10 Bücher einpacken brauchen Sie dafür vielleicht 30 Minuten. Packen Sie dagegen 100 Bücher ein, so brauchen Sie nicht 10 mal 30 Minuten (= 5 Stunden), sondern eventuell nur 4 Stunden. Gleiches gilt, wenn Sie jeden Tag 10 Bücher einpacken. Dann brauchen Sie nach einer Woche vielleicht nur noch 25 Minuten dafür, nach einer weiteren Woche vielleicht noch 21 Minuten und so fort. Sie werden durch Lernen und Routine die Arbeit schneller erledigen können.

Sie sehen also, dass sich Ihre Kosten pro Stück „quasi automatisch" senken lassen. Sollten Sie daher bei Ihrer Ursprungskalkulation zu keinem akzeptablen Einstandspreis kommen, so lassen Sie sich nicht entmutigen. Sollten Sie aber nach einer Weile immer noch nicht kostendeckend arbeiten (in Ihrer Kalkulation), und es auch keine Aussicht auf Besserung gibt, so scheuen Sie nicht davor zurück, Ihre Preise ein wenig anzuheben, bzw. gleich von Beginn an mit etwas höheren Preisen am Markt aufzutreten. Preissenkungen sind immer leichter durchzuführen als nachträgliche Preissteigerungen.

Für einen IT-Freiberufler sieht das Schema natürlich etwas anders aus, wobei das Prinzip jedoch gleichbleibt. Hier müssen Sie alle entstehenden Kosten, wie z.B. PKW, Mieten, Gehälter, Büroausstattung, etc. addieren. Dann sollten Sie abschätzen können, wie viele Tage im Jahr Sie Arbeit beschaffen können und aus beiden Daten dann einen Tages- bzw. Stundensatz kalkulieren.

Rabattsystem

Was ebenfalls problemlos möglich und auch überlegenswert ist, ist den Kunden in ein Rabattsystem einzubeziehen. Nach Überschreiten einer bestimmten Kaufsumme entfällt z.B. die Versandkostenpauschale oder für jeden getätigten Kauf werden beim nächsten Kauf x% Nachlass gewährt.

Leitfragen: Marketing – Preisfindung

✓ Welche Preise setzen die Wettbewerber für vergleichbare Produkte an?

✓ Wie hoch wird Ihr Preis sein?

✓ Wie haben Sie ihn ermittelt?

✓ Warum ist Ihr Preis höher / niedriger / gleich dem Ihrer Wettbewerber? Warum sollten die Kunden bei einem höheren Preis bei Ihnen kaufen (Zusatznutzen)?

✓ Arbeiten Sie mit dem Preis gewinnbringend (genaue Kalkulation)?

---

d) Produktpolitik

Unter Produktpolitik werden Maßnahmen verstanden, die in direktem Zusammenhang mit dem angebotenen Produkt getroffen werden. Dazu zählen u.a.

• Produktqualität

- Design und Verpackung

- Erneuerungsrate, Update von Produkten (Lebenszyklusmodell)

- Markenpolitik

- etc.

Fragen rund um Ihr Produkt sind für Ihren Business Plan unbedingt relevant, weshalb Sie unter einem eigenen Punkt behandelt wurden (siehe Kapitel 4.6.5).

An dieser Stelle in Ihrem Business Plan können Sie den Punkt „Produktpolitik", da er zu den vier Bausteinen eines Marketingkonzeptes gehört, der Vollständigkeit halber erwähnen. Sie sollten dann aber auf die bereits gemachten Ausführungen verweisen.

4.6.8   Management

Entscheidungsträger

Die Besetzung des Managements stellt für die potenziellen Investoren eines der Kernelemente für den wirtschaftlichen Erfolg des Unternehmens dar. Diese Frage wird von Existenzgründern vielfach unterbewertet, doch nach dem Executive Summary ist der Part „Management" oftmals der nächste Abschnitt, der gelesen wird. Das rührt daher, dass hinter jedem Unternehmen Personen stehen, und diese Personen den Erfolg des Unternehmens bestimmen.

Qualifikationen

Seien Sie hier deshalb ruhig ausführlich und beschreiben Sie detailliert die Qualifikationen des Managements und der Personen, die Schlüsselpositionen besetzen. Heben Sie besonders Aspekte hervor, die für eine erfolgreiche Unternehmensführung wichtig sind. Bereits erzielte Erfolge, aber auch Misserfolge, wenn daraus gelernt wurde, zählen mehr als akademische Grade.

Berater

In diesen Abschnitt des Business Plans gehört auch die Nennung Ihrer wichtigsten Berater. Es ist durchaus natürlich, wenn Sie nicht soviel Know-how für eine Existenzgründung haben, wie das vielleicht ein darauf spezialisierter Rechtsanwalt oder Steuerberater hat. Zudem zeugt es von Professionalität, wenn Sie Spezialisten mit ins Boot genommen haben und „beruhigt" die potenziellen Investoren.

Vergütung

Schließlich sollten Sie die geplante Vergütung des Managements offen legen. Orientieren Sie sich dabei an marktüblichen Sätzen. Überzeugend ist eine erfolgsabhängige Vergütung. Diese Art der Vergütung kann sich an den Unternehmenszielen, am Umsatz- oder Ergebniswachstum orientieren. Es überzeugt die Leser, wenn das Management mit persönlichem Einsatz hinter dem Erfolg des Unternehmens steht.

Leitfragen: Management

✓ Wie ist der berufliche Werdegang des Managements und der Know-how-Träger? Welche Qualifikationen besitzt es?

✓ Welche beruflichen Erfolge wurden erzielt?

✓ Wie sieht die Organisationsstruktur Ihres Unternehmens aus?

✓ Wer soll welche Unternehmensbereiche leiten?

✓ Besteht Bedarf, Ihr Management in einzelnen Positionen zu verstärken? Wie kommen Sie an die besten Leute für diese Positionen?

✓ Wie soll Ihr Vergütungssystem gestaltet sein?

4.6.9   Finanzplanung

Finanzen

In den nächsten beiden Punkten gehen wir ans „Eingemachte", denn jetzt müssen die Zahlen sprechen. Der Investor ist natürlich daran interessiert, ob er sein investiertes Geld einmal — möglichst mit einer hohen Rendite — wiedersehen wird. Bisher haben Sie den Grundstein gelegt und ihm die Geschäftsidee vorgestellt und in den verschiedenen Facetten dargelegt. Nachdem er jetzt überzeugt von Ihrer Idee an sich ist, möchte er wissen, ob es sich auch finanziell lohnt. Wäre dem nicht so, ist ein finanzielles Engagement seinerseits natürlich nicht ratsam.

Kommende
fünf Jahre

In dem Punkt „Finanzplanung" stellen Sie ihm nun vor, wie sich die kommenden fünf Jahre Ihres Geschäftes entwickeln werden, das Geschäftskonzept ist also auf seine finanzielle Stabilität zu prüfen. Dazu sind die Erkenntnisse aus den vorherigen Abschnitten zusammenzutragen und zu konsolidieren.

Kern der Finanzplanung stellt die Liquiditätsplanung dar, gefolgt von der Ergebnisplanung und den Planbilanzen.

4.6.9.1   Liquiditätsplanung

Die Liquiditätsplanung ist der Dreh- und Angelpunkt Ihrer Finanzplanung, denn sie legt dar, wie „flüssig" Ihr Unternehmen zu jedem beliebigen Zeitpunkt ist. Um Zahlungsunfähigkeit (= Insolvenz) zu vermeiden, müssen Sie jederzeit Ihre Rechnungen und Verbindlichkeiten fristgerecht begleichen können. Dazu gehören insbesondere Gehälter, Steuern und Mieten.

In einem Handbuch zur Existenzgründung[28] heißt es zu diesem Thema:

> *Liquidität, das heißt, die Fähigkeit des Unternehmers, Zahlungsverpflichtungen fristgerecht erfüllen zu können, hat absoluten Vorrang vor anderen unternehmerischen Zielen wie zum Beispiel Rentabilität und Sicherheit. Dies gilt besonders während der Aufbauphase des Unternehmens. Die ständige Überwachung der Zahlungsbereitschaft ist eine der wichtigsten unternehmerischen Aufgaben.*

Wesen der Liquiditätsplanung

Im Prinzip ist die Liquiditätsplanung recht einfach: Stellen Sie sicher, dass zu jedem beliebigen Zeitpunkt genug Geld auf Ihrem Konto ist. Konkret heißt das, dass Sie eine Übersicht über die zu erwartenden Ein- und Auszahlungen aufstellen sollten. Liquide ist Ihr Unternehmen dann, wenn für jeden Zeitraum die Summe der Einzahlungen plus des Kontobestandes größer als oder gleich der Summe der Auszahlungen ist. Für Zeiträume, in denen das nicht zutrifft, müssen Sie Kapital zuführen.

Personal- und Investitionsplanung

Grundlage der Liquiditätsplanung ist eine Personal- und Investitionsplanung. Diese beiden Pläne stellen einen großen Betrag in der Liquiditätsplanung dar und sollten daher unabhängig von der Planung der Liquidität erfolgen. In der Personalplanung legen Sie fest, wie viele neue Mitarbeiter Sie in dem Planungszeitraum zu

---

[28] Lippert, W.: Existenzgründung, 1998, S. 65.

welchen Kosten einstellen wollen. Die Investitionsplanung bestimmt den Zeitpunkt und die Höhe geplanter Investitionen.

Unsicherheit der Planung

Je weiter Sie in die Zukunft planen, desto größer wird naturgemäß die Planungsunsicherheit. Deshalb sollten Sie für die ersten zwölf Monate monatlich planen, für das zweite Jahr quartalsweise, für das dritte halbjährlich und für die letzten beiden Jahre nur noch jährlich.

Vereinfacht sieht ein Liquiditätsplan wie folgt aus:

Abbildung 19: Schematischer Liquiditätsplan

	Januar	Februar	März	April	...
Liquide Mittel + Einzahlungen					
= Verfügbare Mittel - Auszahlungen					
= Unter- / Überdeckung					
= Liquidität / Defizit					

Liquide Mittel

Liquide Mittel

Hier sind vorhandene liquide Mittel einzutragen. Darunter werden alle Finanzbestände verstanden, die sich innerhalb kurzer Zeit (bis zu 4 Wochen) „verflüssigen", also zu Bargeld machen lassen.

Einzahlungen

Einzahlungen

Hierunter fallen alle Einzahlungen (tatsächliche und voraussichtliche), die aus Warenverkäufen resultieren. Ebenso gehören dazu Darlehen, die zur Deckung der laufenden Auszahlungen vorgesehen sind. Privateinlagen des Unternehmers, also Einzahlungen aus dem Privatvermögen des Unternehmers, fallen auch in diese Kategorie.

Verfügbare Mittel

Verfügbare
Mittel

Liquide Mittel und die Einzahlungen in der Periode ergeben zusammen die verfügbaren Mittel. Diese Mittel stehen zur Aufrechterhaltung des Geschäftsbetriebes zur Verfügung.

Auszahlungen

Auszahlungen

Den Verfügbaren Mitteln stehen die Gesamtauszahlungen des Unternehmens gegenüber. Achten Sie bei der Erstellung des Liquiditätsplanes vor allem auf die richtige Terminierung der Auszahlungen. So ist z.B. das Weihnachtsgeld für Ihre Mitarbeiter im Dezember fällig. Sie müssen es dann verfügbar haben und können es nicht über das Jahr verteilt in Ihre Rechnung aufnehmen. Ähnlich verhält es sich mit den Steuern.

Über- / Unterdeckung

Über- / Unterdeckung

Aus der Differenz der Einzahlungen und den Auszahlungen ergibt sich naturgemäß die Über- bzw. Unterdeckung. Eine Unterdeckung kann mit Hilfe eines eventuell verfügbaren Kontokorrentkredites ausgeglichen werden. Sollte die Planung über mehrere Monate eine Unterdeckung aufweisen, so ist ein längerfristiger Kredit in Anspruch zu nehmen.

Der Pfeil in der Tabelle 19 soll andeuten, dass die Unter- bzw. Überdeckung als liquide Mittel der Folgeperiode einzutragen sind.

Aussagekraft

Selbstverständlich ist ein Investor nicht mit einer überschlagartig kalkulierten und grob-detaillierten Finanzplanung, wie oben dargestellt, zufrieden. Auch für Ihre Planungszwecke ist dieser Auflösungsgrad nicht aussagekräftig genug. Daher muss sie noch weiter verfeinert werden. Hier soll deshalb ein Muster vorgestellt werden, wie weit untergliedert die Ein- und Auszahlungen aufgelistet werden könnten:

Abbildung 20:
Detaillierter
Liquiditätsplan

		Januar	Februar	März	April	...
1	Kassenbestand					
2	Bank- und Postbankguthaben					
3 (1+2)	**Liquide Mittel**					
4	Umsatzerlöse					
5	Darlehen					
6	Privateinlagen					
7	Zinseinzahlungen					
8	Sonstige Einzahlungen					
9 (4+..+8)	**Einzahlungen**					
10 (3+9)	**Verfügbare Mittel**					
11	Gehälter / Löhne					
12	Sozialabgaben					
13	Waren					
14	Mieten					
15	Verwaltung					
16	Vertrieb					
17	Steuern					
18	Versicherungen					
19	Zinsen					
20	Tilgung					
21	Sonstige Auszahlungen					
22	Investitionen					
23	Privatentnahmen					
24 (11+..+23)	**Auszahlungen**					
25 (10-24)	**Über- / Unterdeckung**					
26	**Ausgleich durch Kontokorrent**					
27 (25+26)	**Liquidität**					

Liquiditäts-
engpass

Was aber passiert nun, wenn Sie in einen Liquiditätsengpass geraten? Dazu hier ein paar Tipps, ebenfalls in Anlehnung an das bereits zitierte Handbuch zur Existenzgründung[29]:

- **Ausgabenkontrolle**: Geben Sie nur für die Dinge Geld aus, die Sie wirklich zur Aufrechterhaltung Ihres Ge-

---

[29] Lippert, W.: Existenzgründung, 1998, S. 60.

schäftsbetriebes benötigen. Ein neues Handy oder ein neuer Computer würden sicherlich vieles vereinfachen, können aber später auch noch angeschafft werden. Ihre Liquidität steigt zuerst durch Kostensenkung, dann durch Umsatzausweitung.

- **Privatentnahmen**: Sicher wollen Sie auch "wie ein Unternehmer" leben, aber passen Sie Ihre Privatentnahmen der Liquidität Ihres Unternehmens an. Beuteln Sie es zu stark, so wird es bald zahlungsunfähig sein. Überhöhte Privatentnahmen gehören mit zu den häufigsten Insolvenzursachen.

- **Einkauf**: Schauen Sie sich eventuell nach neuen Bezugsquellen um. Seit Ihres letzten Preisvergleiches hat sich vielleicht einiges getan am Lieferantenmarkt und Sie können Verhandlungen mit einem günstigeren Lieferanten aufnehmen. Praktizieren Sie den Lieferantenwechsel allerdings auch nicht zu häufig, denn langfristige Lieferantenbeziehungen können neben Vertrauen und Verlässlichkeit auch bares Geld wert sein. Sprechen Sie Ihren Lieferanten auf Mengenrabatte an.

- **Investitionen**: Auch hier gilt ähnliches wie bei der Ausgabenkontrolle. Verschieben Sie Investitionen, die nicht unbedingt notwendig sind, auf später. Ziehen Sie eventuell auch Leasing in Betracht.

- **Leasing**: Die Möglichkeit, Wirtschaftsgüter zu leasen und nicht zu kaufen, lässt manchen Liquiditätsplan zumindest kurzfristig wieder besser aussehen. Das Leasing bietet einige Vorteile: Die Liquidität wird nicht durch eine starke Kapitalbindung geschmälert, festgelegte Leasingraten verschaffen eine gleichbleibende Planungsgrundlage und – je nach Leasingvertrag – trägt der Leasinggeber evtl. das wirtschaftliche Risiko des Leasingobjektes. Beim Leasing gilt aber ganz besonders: Rechnen Sie den Leasingvertrag genau durch, ob es sich finanziell wirklich lohnt!

- **Kreditaufnahme**: Eine Kreditaufnahme sollte gut durchdacht sein, denn eine unbedachte Verwendung des Kredits kann den wirtschaftlichen Erfolg des Unternehmens gefährden. Die Rückzahlungsfähigkeit von Zinsen und Tilgung gehört neben den Personalkosten und Steuern zu den Prioritäten bei den Auszahlungen. Allein deshalb schon muss ein aufgenommener Kredit zu mehr Gewinn führen. Und: Sollten Sie einmal in die missliche Situation geraten, einen Kredit nicht zurückzahlen zu können, so werden Sie in Zukunft Schwierigkeiten haben, bei einer Bank wegen eines Kredits überhaupt anfragen zu können.

- **Zahlungsziele**: Vereinbaren Sie mit Ihren Lieferanten längere Zahlungsziele. Diese werden eventuell Verständnis für Ihre Situation haben, insbesondere, wenn Sie plausibel darlegen können, dass es sich nur um eine kurze Phase des Liquiditätsengpasses handelt. Ihren Kunden sollten Sie dagegen weiterhin die gewohnten Zahlungsziele bieten, Skonti und Rabatte sollten sich aber an den Gewinnaussichten orientieren.

- **Mahnwesen**: Überprüfen Sie die offenen Rechnungen nach Fälligkeit und Höhe. Ein gut organisiertes Mahnwesen sorgt für schnelle Liquidität. Sie sollten offene Rechnungen auch bei üblicherweise pünktlich bezahlenden Kunden anmahnen. Gerade weil sie immer pünktlich bezahlen, haben sie in diesem Fall vielleicht wirklich versäumt, die Rechnung zu begleichen. Viele Kunden warten mit dem Bezahlen einer Rechnung (leider!) auf das obligatorische „Erinnerungsschreiben".

- **Lastschrifteinzug**: Versuchen Sie Ihre Kunden für das Begleichen der Rechnungen per Lastschrifteinzug zu gewinnen. Dann haben Sie den Zeitpunkt der Bezahlung der Rechnung in der Hand und somit eine Grundlage zur Planung der Zahlungseingänge. Noch schneller erfolgt der Verkauf per Nachnahme. Der Kunde erhält die Lieferung nur, wenn er sofort den Rechnungsbetrag beim Postboten, bzw. bei der Spedition bezahlt. So bekommen Sie umgehend Ihr Geld.

- **Lagerbestände**: Hohe Lagerbestände bedeuten eine hohe Kapitalbindung, denn Sie haben die Waren bereits bezahlt, doch nun stehen sie bei Ihnen im Lager. Sollten Sie hohe Lagerbestände und einen Liquiditätsengpass haben, so verkaufen Sie den Lagerbestand z.B. in einem Sonderverkauf.

> **Leitfragen: Planung – Liquiditätsplanung**
>
> ✓ Welchen Personalbedarf erwarten Sie in den nächsten Jahren in den einzelnen Bereichen Ihres Unternehmens?
>
> ✓ Wie sieht Ihre kurzfristige Investitionsplanung aus?
>
> ✓ Welche größeren Investitionen (Ersatz- und Erweiterungsinvestitionen) werden in der Zukunft erforderlich?
>
> ✓ Wie wird sich Ihre Liquidität kurz-, mittel- und langfristig entwickeln?

Exkurs:[30] Einzahlungen – Auszahlungen, Einnahmen – Ausgaben, Aufwendungen – Erträge

An dieser Stelle soll ein kleiner Exkurs in die Begriffsbestimmung der oben aufgeführten Termini aus der Finanzwelt erfolgen. Das geschieht aus dem Grunde, dass Sie als Leser einerseits die Bedeutung der hier verwendeten Begriffe abgrenzen können und andererseits in Ihren Ausführungen diese allgemein anerkannten Begriffe und ihre Unterscheidungen korrekt benutzen können.

Einzahlungen (Auszahlungen) sind positive (negative) Veränderungen Ihres Zahlungsmittelbestandes, also Ihrer liquiden Mittel. Dazu gehören Kassenbestände, Bankguthaben, Schecks, etc. Vereinfacht gesprochen kann man sagen, dass es sich bei Einzahlungen (Auszahlungen) um die Vorgänge handelt, die direkt in Ihrer Kasse oder auf Ihrem Konto ablaufen (z.B. Barbezahlungen, Überweisungen, Lastschrifteinzüge, Einreichung von Schecks, Aufnahme eines Bankkredites, etc.)

Einnahmen (Ausgaben) entsprechen dem Wert von veräußerten (zugegangenen) Gütern und beeinflussen Ihre Geldvermögensebene. Das betrifft über die Zahlungsmittel hinaus auch Ihre Forderungen und Verbindlichkeiten. Verkaufen Sie z.B. Waren gegen Rechnung, so liegt eine Einnahme vor, da sich Ihr Vermögen erhöht hat. Allerdings liegt in diesem Fall (noch) keine Einzahlung vor, da die Rechnung erst später beglichen wird. Verkaufen Sie dagegen bar, so liegt sowohl eine Einnahme als auch eine Einzahlung vor.

---

[30] Vgl. Eisele, W.: Technik des betrieblichen Rechnungswesen, 5. Auflage 1993, S. 596ff.

> ***Erträge (Aufwendungen)*** sind Begriffe aus den gesetzlichen Bestimmungen des Handels- und Steuerrechts. Sie beschreiben die bewertete Gütererstellung (den Güterverzehr) und umfassen damit alle Erhöhungen (Minderungen) des Eigenkapitals. Die Differenz von Erträgen und Aufwendungen ergibt den Jahresüberschuss. Z.B. stellt der Verbrauch von in derselben Abrechnungsperiode beschafften und verbrauchten Gütern eine Ausgabe und einen Aufwand dar. Werden Güter dagegen auf Lager produziert, so liegt zwar ein Ertrag vor, aber keine Einnahme, da man zwar Wert geschaffen hat, den aber noch nicht realisieren konnte. Ebenso verhält es sich mit Abschreibungen: Sie stellen einen Aufwand dar, der sich gewinnmindernd auf den Jahresüberschuss auswirkt, aber es liegt keine Ausgabe und auch keine Auszahlung vor.

4.6.9.2   Umsatz-, Rohertrags- und Ergebnisplanung

Die potenziellen Investoren sind natürlich auch daran interessiert, welche Erträge das Unternehmen erwirtschaftet, denn nur ein regelmäßiger Gewinn verhilft dem Unternehmen zu dauerhaft nachhaltigem Wachstum. Dazu dient die Umsatz-, Rohertrags- und Ergebnisplanung, die vom Prinzip her vergleichbar ist mit der für einige Unternehmen gesetzlich vorgeschriebenen Gewinn- und Verlustrechnung (GuV).

Aufbau der Ergebnisplanung

Vom Aufbau ist die Ergebnisplanung ähnlich der Liquiditätsplanung. Der signifikante Unterschied besteht darin, dass nicht, wie in der Liquiditätsplanung, Auszahlungen und Einzahlungen gegenübergestellt werden, sondern Aufwendungen und Erträge.

Wesen der Ergebnisplanung

Die Ergebnisplanung stellt die Wertveränderung Ihres Unternehmens im Jahresvergleich dar. Bilden Sie die Differenz aller Erträge und Aufwendungen des Geschäftsjahres, so erhalten Sie den Jahresüberschuss oder -fehlbetrag. Dies ermöglicht jedoch keine Aussage über die Liquidität des Unternehmens!

Planungsintervalle

Für die Ergebnisplanung sind die gleichen Planungsintervalle wie für die Liquiditätsplanung angemessen: Im ersten Jahr monatlich, im zweiten quartalsweise, im dritten halbjährlich und dann jährlich.

**Umsatzpla-
nung**

Der erste Schritt zur Erstellung der Ergebnisplanung ist die Um-
satzplanung. Ermitteln Sie hier die zu erwartenden Umsatzerlöse.
Im Gegensatz zu der Liquiditätsplanung geben Sie nicht die tat-
sächlichen Einzahlungen, sondern die Einnahmen an. Wenn Sie
bspw. im Dezember Waren verkaufen, die aber erst im Januar
bezahlt werden (und Ihr Geschäftsjahr mit dem Kalenderjahr i-
dentisch ist), so liegt die Einnahme im alten Geschäftsjahr, die
Einzahlung im neuen.

Von den Umsatzerlösen ziehen Sie die Kosten für den Wareneinsatz ab, also Ihre Einkaufspreise für die Waren. Das ergibt den
Rohgewinn:

Umsatzerlöse

- Wareneinsatz

= **Rohertrag**

**Betriebser-
gebnis**

Zu dem Betriebsergebnis (das Ihrem Gewinn oder Verlust entspricht) kommen Sie, wenn Sie von dem Rohergebnis alle weiteren betriebsbedingten Ausgaben abziehen:

> *Rohertrag*
>
> - Löhne / Gehälter
>
> - Sozialabgaben
>
> - Zinsen
>
> - Ausgaben für Verwaltung und Vertrieb
>
> - Mieten
>
> - Abschreibungen
>
> - Leasing
>
> - Sonstige Ausgaben
>
> = **Betriebsergebnis**

**Jahresüber-
schuss**

Zieht man vom Betriebsergebnis noch Zinsen und Steuern ab,
addiert eventuelle staatliche Zuschüsse (Subventionen), so erhält
man den Jahresüberschuss bzw. -fehlbetrag.

Hier finden Sie eine detailliertere Darstellung des Ergebnisplans:

Abbildung 21:
Detaillierte
Darstellung
eines Ergeb-
nisplans

		Januar	Februar	März	April	...
1	Umsatzerlöse					
2	Bestandsveränderungen					
3	Aktivierte Eigenleistungen					
4	Sonstige betriebliche Erträge					
5 (1+4)	**Erträge**					
6	Material und Waren					
7	Fremdleistungen					
8	Personal					
9	Leasing					
10	Abschreibungen					
11	sonstiger betrieblicher Aufwand					
12	Rückstellungen					
13	Außerordentliche Aufwendungen					
14 (6+..+13)	**Aufwendungen**					
15 (5-14)	**Ergebnis der gewöhnlichen Geschäftstätigkeit**					
16	**Zinsen und ähnliche Aufwendungen**					
17	**Staatliche Zuschüsse**					
18	Steuern vom Einkommen und Ertrag					
19	Sonstige Steuern					
20 (18+19)	**Steuern**					
21 (15-16+17-20)	**Jahresüberschuß / -fehlbetrag**					

Zuordnung
der Aufwen-
dungen

Bedenken Sie hierbei ebenfalls die verursachungsgerechte Zuordnung der Aufwendungen. Zahlen Sie z.B. € 12.000 Miete für Ihre Geschäftsräume im Dezember des Vorjahres im Voraus, so gehören diese € 12.000, obwohl sie schon ausgegeben sind, erst in die Ergebnisplanung des Folgejahres und dort auf jeden Monat gleichmäßig verteilt zu € 1.000.

Investitionen

Gleiches gilt für Ihre Investitionen: Ein Computer, der € 3.000 kostet und schätzungsweise 3 Jahre genutzt werden kann, belastet Ihr Ergebnis jährlich mit € 1.000 als Abschreibung.

Leitfragen: Planung — Ergebnisplanung

✓ Wie werden sich Ihre Umsätze, Aufwendungen und Erträge in den nächsten 5 Jahre entwickeln?

4.6.9.3   Planbilanzen

Vermögen

Neben Ihrer Liquidität und den zu erwartenden Erträgen interessiert sich der potenzielle Investor noch für das Vermögen des Unternehmens. Dazu dient eine Bilanz.

Bilanzen

Eine Bilanz ist die Gegenüberstellung von Vermögen (Aktiva) und Kapital (Passiva) eines Unternehmens. Man kann auch sagen, dass die Aktiva die Verwendung des Vermögens und die Passiva die Herkunft des Vermögens widerspiegeln. Eine Bilanz ist immer in folgender Form aufgebaut:

Abbildung 22:
Bilanzschema

Bilanz

Aktiva	Passiva
Summe	Summe

Die Summe aus Aktiva und Passiva ist stets gleich.

Aktivseite

Die Aktiva werden unterteilt in:

- Anlagevermögen: alles, was zum längeren Verbleib in der Firma gedacht ist und zur Aufrechterhaltung des Geschäftsbetriebes dient (Maschinen, Büroeinrichtung, Kraftfahrzeug, etc.)

- Umlaufvermögen: alles, was nur kurzfristig im Besitz der Firma ist und was zum Verkauf bestimmt ist, bzw. in die Produkte bei der Herstellung eingeht (z.B. Roh-, Hilfs- und Betriebsstoffe, Waren, Kassenbestand, Forderungen).

Passivseite

Die Passiva werden unterteilt in:

- Eigenkapital: dem Unternehmen gehörendes oder im Unternehmen erwirtschaftetes Kapital (z.B. gezeichnetes Kapital oder Stammkapital, Gewinne, Gewinnrücklagen), das Haftungszwecke erfüllt.

- Fremdkapital: Kapital, das seinen Ursprung außerhalb der Firma hat (Kredite, Darlehen, Verbindlichkeiten).

Statische Darstellung

Im Gegensatz zu der Liquiditäts- und Ergebnisplanung ist die Bilanz statisch. Sie stellt eine Momentaufnahme des Unternehmens dar und wird zur Gründung und dann jährlich am Ende des Geschäftsjahres erstellt.

Prinzipiell müssen bei der Erstellung einer Bilanz drei Fragen berücksichtigt werden:

Bilanzierungsfähigkeit

1. Was ist bilanzierungsfähig, welche Vermögenswerte und Kapitalbestandteile können in die Bilanz aufgenommen werden?

Bilanzierungsfähig sind Vermögensgegenstände, die

- zum Betriebsvermögen gehören (und nicht zum Privatvermögen des Geschäftsführers)

- wirtschaftliches Eigentum der Firma darstellen (z.B. nicht gemieteten Büroräume)

- aus einer theoretisch separaten Veräußerung Einnahmen erwarten lassen, d.h. der Vermögensgegenstand muss einen Wert besitzen.

Darüber hinaus existieren Aktivierungsgebote, -wahlrechte sowie -verbote, von denen hier nur einige beispielhaft aufgeführt werden sollen:

Aktivierungsregeln

- Aktivierungsgebote: alle materiellen Vermögensgegenstände, alle immateriellen Vermögensgegenstände des Umlaufvermögens, entgeltlich erworbene immaterielle Vermögensgegenstände des Anlagevermögens

- Aktivierungswahlrechte: Disagio, derivativer Geschäftswert

- Aktivierungsverbote: nicht entgeltlich erworbenes immaterielles Anlagevermögen, originärer Geschäftswert, fiktive Vermögensgegenstände, Gründungsaufwendungen

Auf der Passivseite werden alle Schulden, Rückstellungen und Verbindlichkeiten sowie das Eigenkapital aufgeführt.

Wie oben existieren auch hier Passivierungsgebote, -wahlrechte und -verbote:

Passivierungsregeln

- Passivierungsgebote: alle Verbindlichkeiten, verschiedene Rückstellungen (siehe HGB, §249)

- Passivierungswahlrechte: Rückstellungen für unterlassene Instandhaltung (Nachholung in 4-12 Monaten), Aufwandsrückstellungen nach HGB, §249 II

- Passivierungsverbote: sonstige Rückstellungen, Eventualverbindlichkeiten, fiktive Verbindlichkeiten

Bilanzgliederung

2. Wie sind die bilanzierten Posten zu ordnen?

Eine genaue Auflistung der Gliederungspunkte einer Bilanz findet sich im Handelsgesetzbuch (HGB). Demnach werden die Posten der

- Aktivseite nach dem *Liquidierbarkeitsprinzip* geordnet: zuerst werden die „geldfernsten" Posten (z.B. Grundstücke) und zuletzt die „geldnächsten" Posten (z.B. Kassenbestand) ausgewiesen,

- Passivseite nach dem *Fristigkeitsprinzip* geordnet: Das Fristigkeitsprinzip macht Aussagen über die Gesamtlaufzeit eines Posten, nicht die Fälligkeit (=Restlaufzeit). Entsprechend werden zuerst das Eigenkapital und zuletzt die kurzfristigen Verbindlichkeiten aufgeführt.

Ein Beispiel für eine so gestaltete Bilanz könnte folgendermaßen aussehen:

Abbildung 23:
Detailliertere
Darstellung
einer Bilanz

Bilanz	
Aktiva	**Passiva**
Anlagevermögen	*Eigenkapital*
Immaterielles Anlagevermögen	Gezeichnetes Kapital
Grundstücke und Gebäude	Neues Eigenkapital
Technische Anlagen und Maschinen	Gewinn- oder Verlustvortrag
Sonstige Gegenstände des Anlagevermögens	Jahresüberschuß / -fehlbetrag
Umlaufvermögen	*Rückstellungen*
Lager und Vorräte	
Barmittel	*Verbindlichkeiten*
Forderungen	Material und Waren
	Fremdleistungen
	Kredite und langfristige Verbindlichkeiten
	Kontokorrent und kurzfristige Verbindlichkeiten
	Sonstige Verbindlichkeiten (Steuern)

Ansatzhöhe

3. Wie hoch sind die bilanzierten Posten zu bewerten, welche Werte darf / muss man ansetzen?

Auf der Aktivseite sind die Vermögensgegenstände mit ihren Anschaffungs- oder Herstellungskosten anzusetzen. Bei den Anschaffungskosten ist darauf zu achten, dass auch Anschaffungsnebenkosten (wie Kosten für Transport, Installation und Inbetriebnahme) angesetzt werden können. Die Umsatzsteuer wird nicht angesetzt, da sie nur einen durchlaufenden Posten darstellt.

Auf der Passivseite werden die Verbindlichkeiten mit ihrem Rückzahlungsbetrag angesetzt.

In Ihrem Business Plan könnte eine Planbilanz folgendermaßen aussehen:

Abbildung 24:
Beispiel einer
Planbilanz

Bilanz Jahr 01

Anlagevermögen		**Eigenkapital**	
Büroeinrichtung	5.000	Eigene Mittel	7.5000
Kraftfahrzeug	7.500	Eigenkapitalhilfedarlehen	
			12.500
Umlaufvermögen			
Waren	15.000	**Fremdkapital**	
Kasse	2.500	ERP-Darlehen	7.500
		Verbindlichkeiten	2.500
	30.000		30.000

Sie haben bei den obigen Ausführungen gesehen, dass die Erstellung einer Bilanz recht komplex und aufwändig sein kann. Zudem sind viele rechtliche und steuerliche Aspekte zu beachten. Daher empfiehlt es sich, Bilanzen immer von einem Experten (Steuerberater, Rechtsanwalt, Wirtschaftsprüfer) erstellen zu lassen. Die obigen Erläuterungen sind bewusst einfach gehalten und viele Aspekte sind nicht angesprochen worden. Die Ausführungen dienen lediglich dazu, Sie in die Lage zu versetzen, eine Planbilanz zur Gründung Ihres Unternehmens zu erstellen, nicht einen steuerlichen oder handelsrechtlichen Jahresabschluss aufzustellen.

4.6.10   Finanzbedarf

Finanzquellen

Aus der Liquiditätsplanung geht hervor, wann Sie voraussichtlich wie viel Geld benötigen, um nicht in Zahlungsschwierigkeiten zu geraten. Es wird dort aber nicht gezeigt, aus welchen Quellen dieses Geld stammt. Das sollten Sie unter dem Punkt Finanzbedarf aufzeigen.

Darüber hinaus hat dieser Abschnitt eine weitere wichtige Funktion. Sie gelangen nun langsam an das Ende Ihres Business

Plans, und wenn der potenzielle Investor bis hier gelesen hat, wird er Ihrer Idee nicht abgeneigt sein. Nun wird es Zeit, ihm zu sagen, was Sie eigentlich von ihm wollen!

Mischung der
Quellen

Sie haben die Wahl zwischen einer Reihe an Finanzierungsquellen (siehe Kapitel 4.5) und diesen verschiedenen Geldgebern legen Sie Ihren Business Plan vor. Zeigen Sie deshalb an dieser Stelle, dass Sie die richtige Mischung von Kapitalgebern und Finanzierungsarten vorgenommen haben.

Sie sollten eventuell eine Seite Ihres Business Plans individuell auf Ihren Leser abstimmen. Legen Sie den Business Plan einem Venture Capital-Geber vor, so weisen Sie ihn auf der letzten Seite dieses Abschnittes darauf hin, warum Sie gerade auf der Suche nach Venture Capital sind, wie viel Kapital Sie benötigen und welche Konditionen Ihnen vorschweben. Gleiches gilt natürlich für Banken oder andere potenzielle Geldgeber.

> **Leitfragen: Planung – Finanzbedarf**
>
> ✓ Wie hoch ist der sich aus der Liquiditätsplanung ergebende Finanzbedarf Ihres Unternehmens?
>
> ✓ Welche Finanzierungsquellen stehen Ihnen dabei zur Verfügung?
>
> ✓ Welche wählen Sie davon? Warum?

4.6.11   Chancen und Risiken

Szenarien

Den Abschluss Ihres BP stellen Aussagen über die Chancen und Risiken Ihrer Idee dar. Hier sollten Sie prüfen, inwieweit Ihre Planungen, insbesondere die Finanzplanungen, Spielraum nach oben oder unten haben. Soweit es mit vertretbarem Aufwand möglich ist, sollten Sie hier ein „Best Case"- und ein „Worst Case"-Szenario durchspielen, in denen die wichtigsten Parameter einfließen. Mit Hilfe von Sensitivitätsanalysen und einem Tabellenkalkulationsprogramm können Sie aufzeigen, wie stark Ihr Gewinn auf eine Umsatzausweitung oder Preissenkung Ihrer Produkte oder Wettbewerber reagiert.

Leitfragen: Chancen — Risiken

✓ Welche grundsätzlichen Risiken bestehen für Ihre Unternehmensentwicklung (Markt, Wettbewerb, Lieferanten, neue Produkte)?

✓ Welche Maßnahmen können helfen, diese Risiken zu mindern?

✓ Welche Chancen und Potenziale sehen Sie für Ihre Firma noch?

✓ Wie wird Ihre Planung im günstigsten und wie im ungünstigsten Fall für die nächsten fünf Jahre aussehen?

4.6.12   Anhang

Der Anhang bietet Platz für alles, was für den eigentlichen Business Plan zu detailliert ist, Sie dem Leser aber dennoch mitteilen möchten. Dazu können gehören:

- Lebensläufe der Gründer / des Managements
- Organigramme
- Technische Detailzeichnungen
- Presseerwähnungen
- Nebenrechnungen
- Patente
- etc.

Achten Sie aber darauf, dass der Anhang nicht zu einem Datenfriedhof wird und vergessen Sie nicht, dass der Business Plan ohne Anhang lesbar und verständlich sein muss. Der Anhang ist nur „Zusatz für interessierte Leser".

Umfang der
Kapitel

Damit wäre Ihr BP fertig, zumindest von der Konzeption. Als weitere Hilfestellung sei Ihnen noch ein empfohlener Umfang der einzelnen Kapitel gegeben. Es sei allerdings erwähnt, dass die angegebenen Seitenzahlen nur einen Vorschlag darstellen, um Ihnen ein Gefühl für den Detaillierungsgrad der einzelnen Abschnitte zugeben.

Executive Summary	3 Seiten
Unternehmen	3 Seiten
Produkt oder Dienstleistung	5 Seiten
Marktanalyse	5 Seiten
Marketing, Absatz und Vertrieb	5 Seiten
Management	2 Seiten
Finanzplanung	7 Seiten
Finanzbedarf	3 Seiten
Chancen und Risiken	2 Seiten
Summe	**ca. 35 Seiten**

Softwarepaket
des BMWA

Unter <u>www.bmwi-softwarepaket.de</u> finden Sie umfangreiche Informationen des Bundesministeriums für Wirtschaft und Arbeit sowie ein Programm zum Download bzw. zur Bestellung mit zahlreichen Adressen und Infos sowie einem Tool zur Erstellung eines Business Plans.

5 Ihr Internet-Auftritt

Nachdem Sie nun die wirtschaftlichen Grundlagen zur Gründung Ihrer Existenz kennen gelernt haben, wenden wir uns im Folgenden dem Thema Internet-Auftritt zu.

Wie Sie in Kapitel 3.2 erfahren haben, ist es durchaus sinnvoll, die Nutzung des Internets bereits in die ersten Überlegungen zu Ihrem Geschäftsmodell einzubeziehen, besonders natürlich, wenn Sie in der IT-Branche tätig werden.

5.1 Ihre Domain

Internet-Adresse

Die Domain ist Ihre Hausnummer im Internet. Sie sind unter dieser Adresse sowohl im World Wide Web (WWW) als auch per E-Mail zu erreichen.

Wahl des Domain-Namens

Der Wahl des Domain-Namens kommt eine entscheidende Bedeutung zu, denn er beeinflusst, wie leicht Sie im Internet zu finden sind.

Firmenname

Es bietet sich an, den Namen Ihrer Firma, Ihres Produktes oder Ihrer Person zu verwenden, da sich der Name dann besser merken lässt, Ihre Kunden Sie leichter wiederfinden werden und darüber hinaus sogar „Zufallstreffer" zu erwarten sind. Es ist klar, dass gängige Namen automatisch mehr Zugriffe haben als komplizierte.

Registrierung

Um einen Domänennamen zu erhalten, muss man diesen bei einem der zuständigen Verwalter (in Deutschland ist das Denic [www.denic.de], in den USA Network Solutions [www.networksolutions.com]) registrieren lassen. Das geschieht am einfachsten über Ihren Webhoster.

Freie Namen

Für .com-Adressen können Sie die Verfügbarkeit unter www.networksolutions.com, für .de-Adressen unter www.denic.de überprüfen. Sinnvollerweise sollte der Domain-Name Ihrem Firmennamen entsprechen, also Ihre WWW-Adresse z.B. www.IhreFirma.de lauten. Befinden Sie sich noch in der Gründungsphase

Ihrer Firma, so ist darauf zu achten, dass ein entsprechender Domain-Name noch frei ist. Ist dem nicht so, so sollten Sie ernsthaft in Erwägung ziehen, Ihre Firma doch anders zu benennen.

Existiert Ihre Firma schon und Ihr Firmenname ist schon belegt, so gibt es vier Möglichkeiten weiter zu verfahren:

Umbenennung

1. Sie benennen Ihre Firma um. Das ist keine sehr clevere Alternative, da Sie möglicherweise schon über einen Kundenstamm verfügen, der Sie unter der bisherigen Firmenbezeichnung kennt. Zudem sind damit hohe Verwaltungs- und Marketingkosten verbunden.

Kauf der Namensrechte

2. Sie versuchen, den momentanen Eigentümer der von Ihnen gewünschten Domain (evtl. gegen ein „kleines Entgelt") davon zu überzeugen, Ihnen die Namensrechte abzutreten. Früher war es möglich, Domain-Namen ohne Gebühr zu reservieren. Diesen Umstand haben sich clevere Geschäftsleute zunutze gemacht und hunderte von Domains mit besonders eingängigen Namen reserviert. Besitzt Ihre Firma einen Phantasienamen, der bereits belegt ist, so haben Sie großes Pech, denn da wird jemand schon dieselbe Idee gehabt haben. Und ob Sie denjenigen dann überzeugen können ...??

> Eine der ehemals bekanntesten und erfolgreichsten Suchmaschinen im Internet – Altavista – war lange Zeit nur über die Adresse www.altavista.digital.com zu erreichen. Die Adresse www.altavista.com wurde von einer Firma für Bildbearbeitungssoftware belegt, die allerdings beim Aufruf ihrer Seiten den Anwender freundlich darauf aufmerksam machte, dass er nicht bei der Suchmaschine gelandet war. Für die Suchmaschine Altavista, die zum Computerhersteller Compaq gehört, waren das wohl zu viele Anwender. Man entschloss sich im August 1998 nach einem 2-jährigen Rechtsstreit in einem außergerichtlichen Vergleich der kleinen Firma mit gleichem Namen US-$ 3,3 Mrd. zur Überlassung der Namensrechte zu geben. Das war in der Geschichte des Internets der höchste für einen Domain-Namen bezahlte Preis.

Zusätze zum Firmennamen

3. Sie wählen eine Domain, in der Ihr Firmenname mit einem Zusatz vorkommt. Das wäre z.B. www.IhreFirma-online.de oder www.IhreFirma-Gmbh.de. Dieses ist sicherlich die einfachste Lösung und mit ein bisschen Marketingaufwand

werden Sie Ihre Kunden auch mit dieser Adresse vertraut machen können. Wenn die Firma, die Ihre Wunschadresse belegt, nicht in derselben Branche tätig ist, wird sie sicherlich nichts dagegen haben, auf ihrer Startseite einen kleinen Hinweis für fehlgeleitete Kunden zu platzieren. Vorausgesetzt, Sie erklären sich im Gegenzug ebenfalls bereit dazu!

Rechtliche
Schritte

4. Prinzipiell können Sie auch rechtliche Schritte gegen den bisherigen Eigentümer der Domain unternehmen und ihn auf Herausgabe der Domain verklagen. Handelt es sich bei dem Domainnamen um einen von Ihnen geschützten Markennamen, so besteht eine gute Chance, dass Sie die Domain erhalten werden.

> **2 Beispiele:**
>
> Die Firma *Epson* hat erfolgreich auf Herausgabe des Domainnamens epson.de geklagt (Landgericht Düsseldorf, AZ:34 O 191/96, 04.04.1997). Die Zeitschrift *Freundin* hatte mit ihrer Klage auf Herausgabe des Domainnamens freundin.de keinen Erfolg (Landgericht München, AZ: 21 O 17599/96, 18.07.1997). Das Gericht befand, dass es sich bei dem Begriff „Freundin" um eine allgemeine Bezeichnung handle und diese nicht geschützt werden kann.

5.2   Web-Seiten-Gestaltung

Der Gestaltung Ihres Internet-Auftritts kommt eine entscheidende Bedeutung zu, denn der Kunde kommt nur dorthin zurück, wo er sich wohl fühlt. Im Internet können Sie das Wohlbefinden des Kunden neben der Benutzerfreundlichkeit nur visuell und auditiv beeinflussen. Im Gegensatz zu einer Parfümerie oder einer Bäckerei, wo der Geruch stimulierend wirken kann oder einem Modegeschäft, wo der Kunde die Produkte berühren und anprobieren kann, können Sie ihn im Internet nur über das Auge und das Ohr begeistern und binden.

Aber selbst wenn das Angebot gefällig aufbereitet ist, wird er nur bei Ihnen kaufen, wenn es einfach zu bewerkstelligen ist. Muss der Kunde sich durch mehrere Menüs klicken, muss er große Grafiken laden oder verliert er irgendwann den Überblick, so wird er nicht mehr zu Ihnen zurückkommen. Und schlimmer noch: Er wird nicht bei Ihnen kaufen.

Was einerseits der Vorteil des Internets ist, kann hier zum Nachteil werden: Der Wettbewerb ist nur einen Mausklick entfernt!

Standards

Beim Aufbau von Internet-Angeboten haben sich mittlerweile einige Standards durchgesetzt, an die man sich halten sollte. Es ist sinnvoll, mit einer Begrüßungsseite zu beginnen, die den potenziellen Kunden empfängt und eine Inhaltsübersicht bietet. Von hier aus gelangt man auf weitere Seiten mit Informationen über das Unternehmen, seine Leistungen und Produkte, zu Referenzprojekten, zu redaktionell aufbereiteten Hintergrundinformationen oder auch zu einer Seite mit Verweisen auf ähnliche Seiten im Internet (die natürlich nicht in direkter Konkurrenz zu dem eigenen Angebot stehen). Auf keinen Fall sollte die Möglichkeit fehlen, dass ein Interessent aufgrund Ihres Internet-Angebots direkt über E-Mail mit Ihnen in Kontakt treten kann — sei es wegen einer Anfrage oder wegen einer Bestellung. Weiterhin sollte der Kunde schnell und einfach die Informationen erhalten können, die er benötigt.

Daher sind die beiden folgenden Kriterien essenziell für einen erfolgreichen Auftritt im Internet:

- die grafische Aufbereitung

- die Bedienbarkeit bzw. Benutzerfreundlichkeit

Grafische
Aufbereitung

Die grafische Darstellung, also das, was Ihr potenzieller Kunde sieht, wenn er Ihren Web-Auftritt besucht, entscheidet darüber, ob er sich wohl fühlt und bleibt oder Ihre Seiten gleich wieder verlässt. Der Gesamteindruck setzt sich aus verwendeten Grafiken, der Schriftart und -größe, der Textfülle, einem Hintergrundbild und den verwendeten Farben zusammen. Es gibt eine Vielzahl von möglichen Kombinationen und Gestaltungsmöglichkeiten, allerdings keine allgemein optimale. Das hängt vielmehr davon ab, welchen Eindruck Sie beim Kunden erwecken wollen. Das ist vergleichbar mit einem Herrenausstatter, der durch dunkles Möbeldesign ein anderes Image vermitteln möchte als ein Teenager-Musikladen mit schriller Ausstattung und fetziger Musik.

Die grafische Gestaltung dient zwei Zwecken: Sie soll zum einen den Kunden ansprechen, aufmerksam und neugierig machen und zum anderen für Übersichtlichkeit in der Bedienung sorgen.

5.2.1   Grafiken

Visualisierung

Ihr Internet-Auftritt sollte ansprechend sein, aber nicht überladen mit Grafiken. Zu viele und komplexe Grafiken haben den Nachteil, dass ihre Datenübertragung lange dauert. Dieses wird kein Kunde akzeptieren, trotz ISDN und DSL. Kleinere und deutliche Symbole hingegen helfen sehr gut zu visualisieren. Die Suchfunktion lässt sich z.B. durch das Wort „Suchen" oder aber durch eine kleine Lupe darstellen. Dieses Symbol, wie z.B. auch ein „i" für Information oder ein Einkaufswagen für die Bestellfunktion, lockern die Seite auf. Dabei ist allerdings darauf zu achten, dass diese Symbole alle ähnlich sind und zueinander passen. Dazu gehört die identische Farbe, Größe und Darstellungsform.

Auch hier gilt: Solange Sie nicht dieselben Grafiken nehmen wie Ihre Wettbewerber (was aus Copyright-Gründen problematisch werden könnte), kann ein Ideensammeln bei anderen nicht schaden. Machen Sie es aber nicht so wie die anderen – sondern besser.

Darstellungsqualität vs. -größe

Wo Sie an der Darstellungsqualität und -größe jedoch nicht sparen sollten, ist die Abbildung Ihrer Produkte. Hier wird ein Kunde Verständnis für einen kurzen Moment Ladezeit haben, wenn er dadurch eine genaue Vorstellung von dem Produkt bekommt. Im Geschäft hat er die Möglichkeit, den gewünschten Artikel anzufassen und von allen Seiten zu betrachten. Das hat er bei Ihnen jedoch nicht. Deshalb sollten Sie das Produkt deutlich abbilden. Es sollte sich vom Hintergrund abheben und die wichtigsten Eigenschaften (Knöpfe, Schalter, Displays, Schriftzüge, etc.) sollten gut sichtbar sein. Bilden Sie das Produkt eventuell aus mehreren Blickwinkeln ab.

Mehrdimensionalität

Bei bestimmten Produkten, die sich nicht nur über die Funktionalität oder den Inhalt (z.B. Videokassetten, Bücher), sondern auch über ein 3-dimensionales Design definieren (z.B. Telefone, Uhren) kann eine räumliche Darstellung durchaus sinnvoll sein. Hierbei hat der Kunde die Möglichkeit, das Produkt mit Hilfe der Maussteuerung zu drehen und in allen Dimensionen zu bewegen sowie näher heranzuzoomen. Dieses sollten Sie allerdings nur optional und nicht als Standardbetrachtung anbieten. Die Datenübertragung ist hierbei sehr hoch und üblicherweise werden spezielle Plug-Ins (Zusatzprogramme für den Browser) benötigt.

Diese sollten Sie dem Kunden durch einen Link zu dem entsprechenden Anbieter zur Verfügung stellen.

Dateiformat

Achten Sie auch auf das Dateiformat Ihrer Bilder: Bilder im Dateiformat JPG oder GIF sind von jedem Browser zu lesen und bis zu 10-mal kleiner als in anderen Formaten. Die Dateigröße können Sie auch beeinflussen, indem Sie die Größe des Bildes (in Pixel) so groß wählen, wie es später auch tatsächlich dargestellt wird. Sie sollten das Bild nicht größer abspeichern, um es dann im Shop-Auftritt wieder zu stauchen. Außerdem können Sie die Dateigröße über die Anzahl der Farben eines Bildes maßgeblich steuern. Meistens reicht eine Darstellung von 256 Farben, evtl. sogar auch 16 Farben. Der qualitative Unterschied bei einer Verwendung von mehr Farben wird dem Betrachter ohnehin kaum auffallen, die deutlich längere Ladezeit gleichwohl doch.

5.2.2   Schrift und Text

Schriftart

Prinzipiell ist es möglich, jede beliebige Schriftart zu verwenden. Sie sollten dabei auf gute Lesbarkeit achten. Auch hier gilt wieder: das Schriftbild sollte einfach, klar, prägnant und passend sein. Bieten Sie Taschenrechner an, so ist eine altmodische Schriftart sicher nicht angebracht, bei Antikmöbeln schon eher.

Weiterhin ist es für den Betrachter einfacher eine ihm bekannte Schriftart wie **Times New Roman** oder **Arial** zu lesen. Üblicherweise wird auf eine spezielle Schriftart verzichtet, so dass der Browser des Kunden die standardmäßig eingestellte Schriftart verwendet. In den meisten Fällen wird dies ebenfalls **Times New Roman** oder **Arial** sein. Der Grund dafür liegt auf der Hand: Verwenden Sie in der Gestaltung der Seite eine unübliche Schriftart, die auf dem Rechner des Betrachters nicht vorhanden ist, so weicht der Browser auf die Standard-Schriftart aus. Nachteilig ist dies nur für Sie, denn dann wird Ihre Formatierung der Schrift (Zeilenumbrüche, Bündigkeit, etc.) auf die Standard-Schrift übertragen. Dieses kann zu interessanten, aber keineswegs professionell aussehenden Effekten führen. Deshalb sollten Sie Ihre Web-Site mit mehreren verschiedenen Browsern und Bildschirmauflösungen betrachten, um derartige störende Effekte vor Freigabe Ihrer Seite beseitigen zu können.

Wechsel von Schriftarten	Verwenden Sie deshalb eine Schriftart, von der Sie ausgehen können, dass Sie auf jedem Rechner vorhanden ist. Weiterhin sollten kleine Schriften durch serifenlose ersetzt werden, da dieses die Lesbarkeit erhöht. Sie sollten ebenfalls bei derselben Schriftart bleiben, da es der Übersichtlichkeit dient. In Ausnahmefällen und nur um etwas besonders hervorzuheben, können Sie eine andere Schriftart verwenden. Und dieses lediglich dann, wenn sich das nicht durch die üblichen Formatierungsmöglichkeiten realisieren lässt (**fett**, *kursiv*, <u>unterstreichen</u>, etc.).
Fließtexte	Lange Fließtexte sollten Sie nach Möglichkeit vermeiden, besser sind Aufzählungen oder Bullet-Point-Listen. Dadurch bekommt der Leser schneller einen Überblick über das, was Sie ihm mitteilen wollen.

5.2.3   Gesamteindruck

Kombination der Elemente	Der Gesamteindruck Ihres Auftrittes setzt sich aus den oben beschriebenen Elementen zusammen, allerdings lässt sich der Gesamteindruck nicht als Summe der Teile bewerten. Hinzu kommt noch die inhaltliche Komponente (also welche Informationen der Kunde bei Ihnen erhalten kann), wie umfangreich Ihr Auftritt ist, wie gut die einzelnen Gestaltungselemente zusammenpassen und, last but not least, wie gut erreichbar Ihr Auftritt ist, inklusive der benötigten Ladezeiten.
Sachlich eleganter Auftritt	Streben Sie einen eleganten und sehr sachlich-professionellen Auftritt an (eventuell für hochpreisige Waren), so bietet sich ein schlichter Auftritt mit Weiß- und Grautönen an, die ein gewisses Understatement signalisieren.
„Moderner" Auftritt	Wenden Sie sich dagegen an Jugendliche, so ist sicherlich ein etwas peppigerer Auftritt zweckmäßig.
	Nicht zu vergessen sind auch bestimmte Merkmale, die Ihre Kundengruppe auszeichnen. Um Ihre Professionalität zu demonstrieren, sollten sich diese individuellen Merkmale auf Ihrer Site wiederfinden. Verkaufen Sie z.B. Jagd-Zubehör, so sollten Sie mit dem typischen jagd-grün der Jäger nicht sparen. Das zeigt, dass Sie mit der Materie vertraut sind, und die Kunden akzeptieren Sie „als einen von ihnen".

Inhalt

Über die grafischen Stilmittel hinausgehend, wird der Eindruck, den Sie mit Ihrem Auftritt erwecken, maßgeblich von inhaltlichen Komponenten beeinflusst. Den Inhalten, die Sie auf Ihrer Web-Site bereitstellen sollten, wenden wir uns im Folgenden zu.

5.3 Inhalte Ihres Internet-Auftrittes

Informationen

Neben der grafischen Gestaltung Ihres Internet-Auftrittes ist der Inhalt der zweite wichtige, sogar wichtigere Teil Ihres Web-Auftritts. Der Kunde besucht Sie, weil er auf der Suche nach Informationen ist.

Sie müssen ihm einen Mehrwert bieten, damit er einen Nutzen aus seinem Besuch bei Ihnen ziehen kann. Das sind die Inhalte Ihres Shops und die (ihm nützlichen) Informationen, die er bei Ihnen finden kann.

Kauf und
Verkauf

Wenn Sie einen kurzen Moment überlegen und sich fragen, warum Sie überhaupt wollen, dass der Kunde zu Ihnen kommt, warum Sie ihn halten wollen und warum er in erster Linie zu Ihnen gekommen ist, erhalten Sie die Antwort: Er will etwas kaufen, und Sie wollen etwas verkaufen. Also muss sich inhaltlich alles um die Produktpräsentation und den Abschluss eines Kaufvertrages mit den dazugehörigen Prozessen drehen.

Aber vielleicht möchte der Kunde, bevor er etwas bei Ihnen kauft, zuerst die Gewissheit haben, dass Sie der richtige Verkäufer für ihn sind. Dann sollten Sie ihm sich selbst, Ihr Unternehmen und Ihre Referenzen vorstellen. Das ist besonders im Dienstleistungsgeschäft relevant, da das Internet hier nur zur Geschäftsanbahnung, in den seltensten Fällen aber zum Geschäftsabschluss verwendet werden kann.

5.3.1 Produkte und Preise

Kaufvertrag

Essenziell für den Abschluss eines Kaufvertrags ist, dass Käufer und Verkäufer sich einig sind über die zu verkaufende Ware oder Dienstleistung und den Preis dafür. Damit haben wir schon die zwei wichtigsten Elemente Ihrer Produktbeschreibung: das Produkt selber und den Preis.

Produktbeschreibung

Wie Sie Ihr Produkt nun beschreiben, bleibt Ihnen überlassen. Dabei sollten Ihre Verkäuferqualitäten voll zum Tragen kommen!

Hier ein paar Tipps dazu:

❑ Bleiben Sie sachlich und beschreiben Sie Ihr Produkt nicht überschwänglich. Das wirkt unglaubwürdig.

❑ Verwenden Sie – wenn möglich – Bilder. Das macht die Beschreibung anschaulich.

❑ Beschreiben Sie die verschiedenen Varianten, in denen Ihr Produkt erhältlich ist.

❑ Listen Sie separat – wenn relevant und für den, den es interessiert – eine technische Spezifikation auf. Dadurch werden auch die letzten Detailfragen geklärt.

❑ Stellen Sie Presseberichte bereit, in denen Ihr Produkt – positiv natürlich – beschrieben wird.

❑ Heben Sie die wichtigsten Eigenschaften und Vorteile des Produkts heraus. Warum soll der Kunde dieses Produkt kaufen?

Andere Informationsquellen

Die Art und Weise, wie Sie Ihr Produkt im Internet anbieten, muss sich von der eines Prospekts deutlich unterscheiden. Sie müssen für den Kunden einen Anreiz schaffen, Sie und Ihre Produkte im Internet aufzusuchen. Könnte er dieselben Informationen auf anderem Wege genau so schnell erhalten, so wird er sich für die Alternative entscheiden —denn er muss jede Minute, die er im Internet verbringt, bezahlen! Also erwartet der Kunde dann auch entsprechend viele und / oder bessere Informationen.

Dazu kann zum Beispiel eine Demo der von Ihnen programmierten Anwendung dienen. Auch bietet es sich an, im Internet Updates für Ihre Software zur Verfügung zu stellen.

Frequently Asked Questions

Sie haben im Internet die Möglichkeit, detaillierte FAQ (Frequently Asked Questions = häufig gestellte Fragen) zu Ihren Produkten bereitzuhalten, durch Installationsbeschreibungen After-Sales-Support zu leisten und Newsgroups und Diskussionsforen einzurichten, in denen Anwender über Ihr Produkt diskutieren und sich evtl. gegenseitig helfen können. Die Diskussionsforen haben den Nebeneffekt, dass Sie schnell die Stimmung unter

Ihren Kunden erfahren können und mögliche Probleme mit Ihren Produkten schnell erkennen können.

Aktueller Informationsstand

Wichtig für eine erfolgreiche Produktwerbung ist, dass der Datenbestand immer aktuell gehalten wird. Das betrifft hauptsächlich die Preise, aber auch neue Varianten des Produktes. Insbesondere bei sich regelmäßig aktualisierenden oder ständig wechselnden Produkten wie Zeitschriften, Software oder CDs ist es für den Kunden wichtig, dass er aktuelle Versionen oder Ausgaben bei Ihnen finden kann. Auch neue Produkte, die in Ihr Produktspektrum passen, sollten Sie schnellstmöglich im Netz anbieten.

Produktbreite

Was Ihre Produktbreite betrifft, so können Sie bei Massengütern das gesamte Sortiment anbieten oder nur eine beschränkte Auswahl daraus. Wenn Sie z.B. CDs oder Bücher verkaufen wollen, so müssen Sie ohnehin Verhandlungen mit dem CD-Lieferanten führen und die gesamten zur Auslieferung und Rechnungsstellung erforderlichen Prozesse definieren. Sie könnten dann das gesamte Spektrum an vorhandenen CDs oder Büchern vertreiben.

Alternativ dazu könnten Sie sich auf ein Teilgebiet der lieferbaren CDs beschränken, z.B. klassische Musik oder Hörspiel-CDs. Ein Vorteil der Beschränkung wäre ein geringerer Pflegeaufwand der Daten, aber auch eine geringere Anzahl an Bestellungen. Das würde Ihren Deckungsbeitrag pro CD (also, was Sie pro verkaufter CD verdienen, um Ihre Fixkosten zu decken) verringern. Der große Vorteil ist, dass Sie sich, gerade bei bereits etablierten Geschäften im Internet, als Nischenanbieter auf eine bestimmte Zielgruppe spezialisieren könnten.

Buchhändler

Die Internet-Buchhändler Amazon.com und Barnes&Noble haben den größten Marktanteil an Buchbestellungen im Internet. Amazon.com bietet ca. 3 Mio. Buchtitel im Internet an. Es ist unwahrscheinlich, dass in den nächsten Jahren eine jetzt gegründete Firma, die auch das gesamte Buchsegment bedient, zu den großen Buchhändlern aufschließen kann. Was aber möglich und durchaus erfolgversprechend ist, ist eine Positionierung als Speziallieferant z.B. für Reiseführer oder Kochbücher.

Partnerprogramm

Amazon.de bietet unter www.amazon.de/partner/ ein Partnerschaftsprogramm an. Nachdem Sie sich bei Amazon.de registriert haben, haben Sie die Möglichkeit, entweder einen allgemeinen Link auf Amazon.de zu setzen oder gezielt einzelne Bücher auf Ihrer Site zu präsentieren. Bestellt Ihr Kunde durch

> Ihren Link ein Buch bei Amazon.de, so erhalten Sie im ersten Fall 5%, im zweiten Fall 15% „Werbekostenerstattung". Der Vorteil für Sie liegt darin, dass Sie auf ein umfangreiches Angebot an Büchern (ca. 1 Mio.) zurückgreifen können, sich aber nicht um die Auslieferung und Abrechnung kümmern müssen. Das übernimmt Amazon.de für Sie. Auch wenn sich diese Möglichkeit nicht unbedingt eignet, um sich als Buchshop selbstständig zu machen, so können Sie Ihren Web-Auftritt durch diesen Service abrunden und ein paar Euro dazu verdienen.

Diese Vorgehensweise eignet sich zudem dazu, die Geschäftsmöglichkeiten im Internet erst einmal zu sondieren und im kleinen Rahmen umzusetzen. Erweiterungen des Produktspektrums sind bei Erfolg — evtl. unter einem zweiten anderen Namen — später jederzeit möglich.

5.3.2   Kontakt

Weiterführende Fragen

Ob der Kunde in Ihrem Auftritt alle Informationen findet, die er benötigt, um eine Kaufentscheidung zu treffen, hängt maßgeblich von der inhaltlichen Qualität Ihrer Seiten ab. Dennoch wird es immer Kunden geben, die — wie in einem richtigen Geschäft auch — weiterführende Fragen haben. Wenn Ihre Kunden keine Antworten auf ihre Fragen bekommen können, werden Sie sich auch nicht zu einem Kauf entscheiden. Kaufentscheidungen unter Unsicherheit sind äußerst selten.

Um Antworten auf ihre Fragen zu erhalten, müssen die Kunden zuerst die Möglichkeit haben, Fragen stellen zu können. Dazu dient die Kontaktfunktion innerhalb Ihres Web-Auftritts.

Kommunikationsformen

Hier sollten Sie den unterschiedlichen Kommunikationspräferenzen der Kunden Rechnung tragen und verschiedene Möglichkeiten der Kontaktaufnahme anbieten. Neben E-Mail, Telefon und Fax gehört auch der herkömmliche Postweg dazu.

5.3.2.1   E-Mail

E-Mail ist *das* Kommunikationsmedium des Internets und es hält immer größeren Einzug in alle Lebensbereiche. E-Mails sind einfach zu handhaben und der Benutzer wird durch die Antwort wieder an seine Frage erinnert, die üblicherweise wieder mit zurückgeschickt wird.

Name der
Firma

Ihre E-Mail-Adresse sollte den Namen Ihres Geschäftes wiederspiegeln. Dieses hängt auch eng mit der Wahl des Domain-Namens zusammen. Eine E-Mail-Adresse von einem der großen Provider (T-Online, AOL, Compuserve, etc.) oder einem der zahlreichen kostenlosen Anbieter (GMX, Yahoo!, etc.) wirkt nicht besonders professionell.

Unterschiedliche Kontaktpersonen

Beschäftigen Sie mehrere Mitarbeiter in Ihrem Unternehmen, die unterschiedliche Aufgabenbereiche wahrnehmen, so sollten Sie Ihren Kunden die Möglichkeit bieten, direkt mit den für die Beantwortung ihrer Fragen kompetenten Mitarbeitern oder Bereichen Kontakt aufzunehmen.

Abbildung 25:
Beispiel für E-Mail-Adressen für die Kontaktaufnahme

<table>
<tr><td colspan="2">E-Mail-Adressen nach Funktionsbereichen</td></tr>
<tr><td colspan="2">Bitte richten Sie Ihre Fragen direkt an:

Vertrieb@xyz-shop.de

Technik@xyz-shop.de

Web-Design@xyz-shop.de

Leitung@xyz-shop.de</td></tr>
<tr><td colspan="2">E-Mail-Adressen nach Mitarbeitern</td></tr>
<tr><td colspan="2">Bitte wenden Sie sich bei Fragen direkt an die zuständigen Mitarbeiter:</td></tr>
<tr><td>Vertrieb / Versand:</td><td>heinz.mueller@xyz-shop.de</td></tr>
<tr><td>Rechnungen:</td><td>uwe.meier@xyz-shop.de</td></tr>
<tr><td>Technik:</td><td>frank.huber@xyz-shop.de</td></tr>
<tr><td>Geschäftsleitung:</td><td>sonja.schulze@xyz-shop.de</td></tr>
</table>

Auch wenn Sie über keine oder nur wenige Mitarbeiter verfügen, die auch nicht unterschiedliche und abgetrennte Aufgabenbereiche wahrnehmen, können Sie zur Betonung Ihrer Professionalität und Seriosität verschiedene E-Mail-Adressen nach Funktionsbereichen (wie in der Tabelle oben dargestellt) verwenden. Der Vorteil für Sie ist, dass Sie eingehende Mails nach deren Frageschwerpunkt getrennt erhalten und dann beantworten können.

E-Mail-Adressen nach Funktionsbereichen

E-Mails nach Funktionsbereichen haben gegenüber persönlichen E-Mails den Vorteil, dass diese auch noch erreichbar sind, wenn der namentlich genannte Mitarbeiter evtl. Ihr Unternehmen verlassen hat. Auch in Bereichen, wo es dem Kunden egal ist, welchen Mitarbeiter er erreicht (wie z.B. Support), sind E-Mail-Adressen nach Funktionsbereichen sinnvoll. Nichtsdestotrotz sollten Sie Ihren Mitarbeitern zusätzlich persönliche E-Mail-Adressen geben. Diese sollten alle nach demselben Muster aufgebaut sein. Wenn ein Kunde z.B. weiß, dass Heinz Müller in Ihrer Firma unter h.mueller@firma.de zu erreichen ist, er aber nun eine Mail an Sonja Schulze schreiben will, so kann er davon ausgehen, dass er ihr unter s.schulze@firma.de eine E-Mail schreiben kann.

Beantwortung

Für die Beantwortung von Mails bietet es sich an, Standard-Antworten parat zu haben. Oftmals werden gleiche oder ähnliche Fragen gestellt, für deren Antwort Sie einen vorformulierten Text verwenden können. Sie sollten aber in jedem Fall den Text individuell abändern und um den Namen des Empfängers ergänzen sowie auf seine spezifische Fragestellung eingehen. Denn wenn der Kunde zweimal eine ähnliche Frage stellt und zweimal vom Wortlaut dieselbe Antwort bekommt, fühlt er sich mit seinen Bedürfnissen von Ihnen nicht ernst genommen.

Geschwindigkeit

Der Vorteil von Internet-Business gegenüber herkömmlichen Geschäften ist u.a. die Geschwindigkeit, mit der Informationen und Transaktionen verarbeitet werden können. Die Geschwindigkeit, mit der Sie reagieren, kann Sie heute nur noch in Ausnahmefällen positiv von Ihren Wettbewerbern abheben – sie wird einfach erwartet.

Die E-Mail als schnelles Kommunikationsmedium verlangt deshalb auch auf Ihrer Seite Schnelligkeit. Der Kunde platziert eine kurze Frage, meist formlos, weil er just in dem Moment etwas wissen will. Bekommt er Ihre Antwort erst 14 Tage später, ist sie für ihn meist schon uninteressant geworden. Deshalb ist es unbedingt notwendig, dem Kunden mindestens innerhalb von 24, besser 12 Stunden zu antworten. Sollten Sie die Antwort auf seine Frage nicht innerhalb dieser Zeit parat haben, so sollten Sie zumindest eine Nachricht an ihn schicken, um ihm mitzuteilen, dass seine Frage angekommen ist und Sie sich um die Beantwortung bemühen. Gleiches gilt, wenn der Kunde keine Frage gestellt, sondern nur einen Kommentar gesendet hat (z.B. zur Gestaltung Ihres Web-Auftritts). Auch hier sollten Sie reagieren und dem Kunden für seine Anregungen danken.

Persönliche Kontaktaufnahme

Um zu dem Kunden ein persönliches Verhältnis aufzubauen und auch Ihre Firma persönlicher (und damit vertrauenswürdiger) in Erscheinung treten zu lassen, sollten Sie Antwort-Mails immer unter einer persönlichen Adresse (wie heinz.mueller@xyz-shop.de) und nicht unter einer anonymen Adresse (wie versand@xyz-shop.de) zurückschicken. Ein positiver Nebeneffekt könnte ein sich daraus entwickelnder Dialog mit dem Kunden sein.

5.3.2.2   Telefon und Fax

Um Ihren Kunden entgegen zu kommen und die Kommunikationsmöglichkeiten nicht nur auf E-Mail zu beschränken, können Sie auf Ihren Web-Seiten zusätzlich Ihre Telefon- und Faxnummer angeben. Zu bedenken ist allerdings, dass dann von Ihnen auch erwartet wird, dass Sie für die Kunden erreichbar sind. Das heißt im Extremfall: Rund um die Uhr! Denn Sie müssen damit rechnen, dass auch Kunden aus dem Ausland Ihr Angebot wahrnehmen und aufgrund der Zeitverschiebung „zu den unmöglichsten Zeiten" anrufen.

Erreichbarkeit

Sollten Sie das nicht leisten können, so sollten Sie für Ihre Kunden zumindest während der üblichen Arbeitszeiten und am Abend erreichbar sein. Das wäre von ca. 7.00 bis 20.00 Uhr. Zu anderen Zeiten könnte ein Anrufbeantworter laufen, so dass der Kunde die Möglichkeit hat, eine Frage zu hinterlassen.

Auf dem Ansagetext sollten Sie angeben, wann Sie erreichbar sind und andere Wege der Kontaktaufnahme (Fax, E-Mail) nennen sowie nach Name des Anrufers und Möglichkeit der Kontaktaufnahme Ihrerseits fragen. Oberstes Gebot ist die sofortige Rückmeldung an den Kunden, wenn Sie die Nachricht erhalten haben.

Telefon-
zentrale

Bei größeren Firmen oder einer hohen Anzahl an Anrufen empfiehlt es sich, eine Telefonzentrale einzusetzen, die die Anrufe
entgegennimmt und entweder an die entsprechenden Mitarbeiter, wenn anwesend, weiterleitet oder Nachrichten hinterlässt.

5.3.2.3   Postweg – „Snail Mail"

Auch in Zeiten elektronischer Kommunikation ist für viele Leute
der herkömmliche Postweg nicht obsolet geworden. Dieses trifft
insbesondere auf Kunden zu, die noch wenig Erfahrung mit dem
Internet haben oder Dokumente in Papierform verschicken
möchten. Auch die Macht der Gewohnheit lässt Menschen eher
zu Papier und Feder als zur Tastatur greifen.

Postadresse

Aus diesen Gründen sollten Sie Ihre Postadresse angeben, wenn
Sie wünschen, dass Kunden auch auf diesem Weg Kontakt mit
Ihnen aufnehmen können.

Wenn Sie eine Postadresse angeben, werden Sie dadurch für
viele Leute auch persönlicher, da man im Internet das physische
Geschäft und den Verkäufer nicht sehen kann. Haben Sie Geschäftsräume, so sollten Sie unbedingt eine Besucheradresse angeben, wo Ihre Kunden Sie auch direkt finden können.

5.3.3   Unternehmenspräsentation

USA: Publizi-
tätspflichten

Eine wichtige Funktion des Internet-Auftritts ist es auch, Ihre
Firma vorzustellen. Besonders in den USA, wo die Publizitäts-
pflichten strenger sind als in Deutschland, finden Sie im Regelfall
neben Produktinformationen auch Informationen über die Firma
selber.

Vorstellung
des Unter-
nehmens

Ein Grund, warum Unternehmen sich im Internet präsentieren,
ist, dass sie dem Kunden einen Eindruck über sich selber vermitteln wollen. Ebenso, wie Sie einem Ihnen bekannten Verkäufer eher vertrauen und eher etwas abkaufen, versuchen Unternehmen sich dem Kunden positiv darzustellen, um ihre Seriö-
sität und Vertrauenswürdigkeit zu unterstreichen.

Rechtsform-
abhängigkeit

Es liegt selbstverständlich in Ihrem Ermessen, welche Informationen Sie über sich preisgeben wollen. Der Grad der Informationstransparenz ist sicherlich auch von der Rechtsform Ihres Unternehmens abhängig. Da Sie gewisse Informationen ohnehin veröffentlichen müssen, können Sie dieses ohne großen Aufwand zusätzlich auf Ihrer Web-Site tun.

Mögliche Inhalte können sein:

❑   Unternehmenshistorie

❑   Vision, Mission, Unternehmensgrundsätze und -leitbild

❑   Unternehmensorganisation

❑   Finanzkennzahlen, Bilanzen

❑   Mitarbeiterzahl

❑   Niederlassungen, Zweigstellen

❑   Geschäftsführung (inkl. Lebensläufe)

❑   Presseerwähnungen, Branchenmeldungen

Vielleicht bieten Sie ja gar nicht Ihre gesamte Produktpalette über das Internet an, sondern nur eine kleine Auswahl. Wenn Sie bei Ihrer Unternehmenspräsentation im Internet darauf hinweisen, dass Ihr Unternehmen auch noch andere Produkte anbietet, haben Sie vielleicht einen Interessenten für andere Bereiche Ihres Produktspektrums gewonnen.

Marketing – machen Sie sich bekannt

Beispiele

Zu einer erfolgreichen Existenzgründung gehört zweifelsohne ein entsprechender Bekanntheitsgrad. Neben der herkömmlichen Werbung gibt es gerade im Internet viele Wege, sich bekannt zu machen. Einige davon sind z.B.: Autoresponder, Newsletter, Werbe-Banner, Signature Files, Listenmoderation, Communities, Chat Rooms, Foren, FAQs, Advertising, Search Engines, etc …

Die wichtigsten und am Erfolg versprechendsten wollen wir uns im Folgenden anschauen.

Aber die klassische Werbung darf nicht unterschätzt werden. Zwar glaubte man zu Beginn der E-Commerce-Welle, herkömmliches Marketing gehöre zur Old Economy, doch die Erfahrung hat gezeigt, dass eine Kombination von Online- und Offline-Marketing Erfolg versprechender ist.

Das Cluetrain Manifest[31]

Im April 1999 kursierte im Internet das sogenannte Cluetrain Manifest, welches 95 satirische, zum Teil provokante Thesen zur fehlenden Kundenorientierung und zur fehlenden Anpassungsfähigkeit an vernetzte Märkte der Unternehmen enthielt. (z.B. These 1: „Märkte sind Gespräche.") Es erschien zeitgleich mit der wachsenden Erkenntnis, dass das Internet die bekannten Marketingregeln komplett verändern würde.

Heute wissen wir, dass dem nicht so ist. Das Internet hat das Marketingspektrum erweitert, aber nicht ersetzt.

Trotz vielfältiger kontroverser Diskussionen, die das Cluetrain Manifest hervorgerufen (und damit sein Ziel erreicht) hat, beinhaltet es einige Grundregeln, die für eine gelebte Kundenorientierung eigentlich selbstverständlich sein sollten. Und deshalb ist es gar nicht so revolutionär, wie es eigentlich sein wollte. Aber auf jeden Fall lesenswert.

---

[31] Dt. Übersetzung und weitere Informationen unter www.cluetrain.de.

6.1   Suchmaschinen

Spätestens, wenn Sie Ihr Angebot im Internet publik machen wollen, sind Sie auf Suchmaschinen angewiesen. Suchmaschinen helfen dem Anwender dabei, das zu finden, was er sucht.

Registrierung

Damit auch andere Personen Ihre Seite finden, sollten Sie diese bei den bekannten Suchmaschinen (Altavista, Yahoo!, Lycos, Web.de, etc.) registrieren lassen, nur die wenigsten Suchdienste (wie z.B. Google) gehen aktiv auf die Suche nach neuen Seiten.

Die Registrierung geschieht ganz einfach – auf der Homepage der Suchmaschine selbst gibt es in der Regel die Möglichkeit, eine Site anzumelden. Dabei gibt es allerdings keine Kontrolle, ob es tatsächlich bei Ihnen Entsprechendes zu finden gibt, oft wird nicht einmal überprüft, ob unter der angegebenen Adresse überhaupt etwas zu finden ist.

Beschreibung der Site

Relevant für einen erfolgreichen Eintrag ist, wie Sie Ihre Site beschreiben, damit Sie auch von Benutzern der Suchmaschine gefunden werden. Versetzen Sie sich in die Lage eines Anwenders, der Ihr Produkt sucht. Nach welchen Schlagworten würde er suchen? Differenzieren Sie sich hierbei. Z.B. „IT-Beratung" als Suchbegriff liefert Tausende von Sites, die Besonderheit Ihres Angebotes wird dabei untergehen.

Ein Tipp: Fragen Sie Ihre Freunde und Bekannten, unter welchen Eintragungen Sie nach Ihrer Firma suchen würden.

Automatisierte Eintragung

Es gibt spezielle Internetdienste, die die Registrierung automatisch in mehreren Suchmaschinen für Sie übernehmen wie z.B. www.submit-it.com. Der Einsatz von Eintragshilfen dieser Art ist allerdings umstritten, denn aufgrund der automatisierten Eintragung können Sie keinen Einfluss auf die individuellen Möglichkeiten der jeweiligen Suchmaschine nehmen. Zudem ist es fraglich, ob Ihre Site wirklich in 400 Suchmaschinen eingetragen werden muss, oder ob eine Eintragung bei den fünf bis zehn größten nicht ausreichend ist.

6.2   Banner-Werbung

Zuerst einmal stellt sich die Frage, was Banner überhaupt sind: Werbe-Banner oder Banner Ads sind Werbe-Anzeigen im Internet in Form einer Grafik, die auf einer Web-Site platziert werden und über einen direkten Link zur Seite des Werbetreibenden führen. Banner-Grafiken werden in der Regel im Gif-Format erstellt und können aus Animationen (animierte Gifs) bestehen, da bewegte Bilder eine größere Anzahl von Surfern dazu verleiten sollen, auf das Banner zu klicken. Durch einen Klick auf das Banner lässt sich der Erfolg der Werbemaßnahme für den Banneranbieter direkt messen.

Sie können Banner selbst entwerfen oder professionell durch einen der zahlreichen Anbieter erstellen lassen.

Abbildung 26:
Beispiel für
ein Banner

Im Folgenden werden die am häufigsten anzutreffenden Abrechnungsmethoden für Bannerwerbung vorgestellt:

Anzeigehäufigkeit

1. Abrechnung nach Sichtkontakten

    Die Abrechnung nach Sichtkontakten (auch: AdViews, AdImpressions) ist das gängigste Verfahren der Abrechnung von Banner-Werbung. Für jedes Anzeigen des Banners wird dabei abgerechnet. Zur Vereinfachung wird dabei üblicherweise in Tausenderpaketen (TKP = Tausend-Kontakt-Preis) abgerechnet. Der TKP ist eine in der Werbung gängige Kennzahl zur Ermittlung der Kosten pro Tausend Kontakte von Leuten mit der Werbemaßnahme. Für Sie als Auftraggeber der Werbung hat dieses Abrechnungsverfahren den Vorteil, dass es exakt kalkulierbar ist und Sie genau wissen, dass für Ihr Geld Ihre Banner x-tausend Mal angezeigt werden. Sie können im Übrigen die Korrektheit der Abrechnung mit ausgewerteten Server-Logfiles überprüfen, die genauestens angeben, wie oft auf den Server zugegriffen und damit Ihr Banner angezeigt wurde.

Eine Übersicht über die Kosten für Bannerwerbung bei den größten im Internet vertretenen Zeitungen finden Sie unter www.quality.channel.de

2. Pauschalabrechnung

Zeitraum

Diese Variante der Abrechnung stammt aus den Anfängen der Banner-Werbung, als die genaue Protokollierung der Server-Zugriffe noch nicht möglich war. Sie bezahlen dabei nicht für eine bestimmte Häufigkeit der Anzeige Ihres Banners, sondern für einen Zeitraum, in dem Ihr Banner angezeigt wird. Üblicherweise handelt es sich hier um Wochen oder Monate. Dieses Verfahren wird allerdings kaum noch eingesetzt.

Dieses Abrechnungsverfahren hat für Sie den Vorteil, dass Sie über einen ganzen Zeitraum präsent sind und z.B. auch solche Kunden ansprechen können, die die Web-Site mit Ihrer Werbung nur alle paar Wochen besuchen. Nachteilig ist hierbei, dass Sie im Gegensatz zu der vorher beschriebenen Methode, den TKP erst im Nachhinein berechnen können.

3. Kombinierte Abrechnung

Mischform

Dieses Verfahren ist relativ neu, aber sehr vorteilhaft für den Werbetreibenden. Sie buchen sowohl einen Zeitraum als auch eine Anzahl an Kontakten. Der Anbieter der Werbefläche garantiert Ihnen die Anzahl der Einblendungen Ihres Banners innerhalb des Zeitraumes. Wird die Anzahl unterschritten, da die Site unerwartet selten frequentiert wurde, so erweitert sich der Zeitraum der Einspielungen bis die garantierte Anzahl an Einblendungen erreicht wurde. Für Sie ist die Ausdehnung des Werbezeitraums kostenlos.

4. Abrechnung nach AdClicks

Klickrate

Bei diesem Verfahren, das für Werbetreibende ebenfalls sehr vorteilhaft ist, wird für die Werbung nur gezahlt, wenn der Kunde das Banner tatsächlich anklickt und dadurch auf die Site des Werbenden gelangt. Verständlicherweise wird diese Methode von den Anbietern von Werberaum nur ungern angeboten, da ihre Einnahmen von Faktoren außerhalb ihres Einflussbereiches bestimmt werden. Zu diesen Einflussfaktoren gehören z.B. die Gestaltung des Banners oder die Qualität des Shops.

5. Abrechnung pro Lead

Kunden-
identifikation

Die Abrechnung pro Lead geht noch einen Schritt weiter als die Abrechnung nach AdClicks. Der Kunde zahlt nur, wenn sich der Besucher auf der beworbenen Web-Site identifiziert, also z.B. registrierter Kunde wird.

6. Abrechnung pro Order

Beteiligung an
Umsätzen

Bei dieser Methode der Abrechnung wird der Anbieter der Werbefläche an den Online-Umsätzen des Werbenden beteiligt. Bei Käufen, die aufgrund der Weiterleitung getätigt wurden, erhält der Anbieter der Werbefläche entweder einen prozentualen Anteil an der Kaufsumme oder einen festen Betrag. Diese Form der Abrechnung eignet sich nur für die großen und bekannten Online-Shops.

6.3   Newsgroups und Mailinglisten

Diskussions-
foren

Eine weitere, sehr effektive, aber aufwändige Werbemöglichkeit stellen Newsgroups und Mailinglisten dar. Newsgroups sind Diskussionsforen im Internet und vergleichbar mit Schwarzen Brettern, an denen jeder eine Nachricht hinterlassen kann.

Mailinglisten sind den Newsgroups ähnlich, funktionieren aber auf E-Mail-Basis: Wenn Sie einen Beitrag an diese Liste schicken, wird er in Kopie an alle anderen Teilnehmer dieser Liste geschickt.

Unterschiede

Die wesentlichen Unterschiede zwischen Newsgroups und Mailinglisten sind:

- Für die Teilnahme an einer Mailingliste müssen Sie sich zuerst anmelden, Newsgroups sind für jedermann frei zugänglich.

- Mailinglisten sind immer von dem Betreiber moderiert, Newsgroups eher selten.

- Mailinglisten funktionieren nach dem Push-Prinzip (Ihnen wird die Information zugeschickt), Newsgroups nach dem Pull-Prinzip (Sie müssen sich die Information abholen).

Sie können als Anbieter von Produkten und Dienstleistungen im Internet an beiden Foren (Mailinglisten und Newsgroups) teilnehmen und dort für Ihr Angebot werben.

Netiquette

Suchen Sie sich ein Forum, das zu Ihrem Angebot passt, und verfolgen Sie die Diskussionen eine Zeit lang, um zu erkennen, wie der Informationsaustausch in diesem Forum funktioniert (Sie sollten sich in jedem Fall an die Netiquette (Benimmregeln im Netz) halten – fordern Sie ggf. die Frequently Asked Questions (FAQs) dieses Forums an, die verbindliche Verhaltensregeln für die Teilnehmer der Diskussion enthält.)

Machen Sie nicht den Fehler und teilen Sie ungefragt dem Forum mit, dass Sie der beste, günstigste etc. Anbieter am Markt sind und schicken gleich eine mehrseitige Angebotsbeschreibung mit. Teilnehmer von Newsgroups und Mailinglisten reagieren extrem empfindlich auf diese Art der Werbung.

Fachliche
Beiträge

Besser ist es, wenn Sie sich in dem Forum durch qualifizierte Diskussionsbeiträge und fachlich-fundierte Anmerkungen einen Namen machen können. Dabei kann es nicht schaden, gelegentlich dezent darauf hinzuweisen, dass weitere Informationen auf Ihrer Homepage gefunden werden können. Ebenso ist es durchaus zulässig, jemanden, der ein bestimmtes Produkt sucht, darauf aufmerksam zu machen, dass er es bei Ihnen bekommen kann.

In vielen Mailinglisten ist es durchaus üblich, dass sich neue Teilnehmer der Liste kurz vorstellen. Dort ist es dann nicht nur sinnvoll, sondern durchaus auch gefordert, dass Sie Ihr Geschäft kurz beschreiben. Die Betonung liegt dabei allerdings auf *kurz!*

Über die Fußzeile Ihrer E-Mail – der sog. Signatur – können Sie mit jeder abgeschickten Mitteilung auf Ihr Geschäft hinweisen. Diese Signatur erscheint automatisch unter jeder E-Mail, welche

Sie versenden. Sie ist in der Regel zwischen vier und sieben Zeilen lang:

Beispiel für eine Signatur

>> *E-Mail Text*

Mit freundlichen Grüßen

Hans Huber

__________________Magister WebServices__________________
IT-Programmierung und -beratung: Von der Idee bis zum Produkt
Huber IT Services GmbH
Computer Straße 20 – 77777 Datenhausen – Germany
info@huber-services.de http://www.huber-services.de

Die Verwendung von Signaturen als Werbeträger ist generell akzeptiert.

Zeitaufwand

Sie können sich vorstellen, dass die aktive Teilnahme in diesen Foren Zeit kostet. Diese Zeit sollten Sie sich allerdings nehmen. Bedenken Sie auch, dass nicht nur die Teilnehmer an diesem Forum Sie kennen lernen, sondern auch noch deren Bekanntenkreis. So wirken die Teilnehmer oftmals als Multiplikatoren. Ein weiterer Vorteil dieser Foren ist, dass dort die aktuellsten Entwicklungen in dem entsprechenden Markt diskutiert werden und Sie somit immer informiert sind.

6.4   Newsletter

One-Way-Medium

Newsletter sind Sonderformen der Mailinglisten. Während Mailinglisten aus den Beiträgen der Teilnehmer bestehen, sind Newsletter zusammengestellte Informations-Mails Ihres Unternehmens. Es handelt sich dabei um ein reines One-Way-Medium (also vom Anbieter zum Kunden), dessen Inhalt Sie als Anbieter bestimmen. Sie können Ihre Kunden oder andere Interessierte regelmäßig mit den neusten Nachrichten und Angeboten Ihres Unternehmens, der Branche und des Themengebietes versorgen.

Wichtig hierbei ist allerdings, dass die Empfänger den Newsletter einmalig anfordern müssen. Sie dürfen ihn nicht unaufgefordert zusenden. Dieses geschieht am einfachsten, indem Sie auf Ihrer Homepage dem Kunden die Möglichkeit bieten, seine E-Mail-Adresse zu hinterlassen, um den Newsletter zu abonnieren.

Nutzinformationen

Sie sollten den Newsletter allerdings nicht als reines Werbemedium verstehen, denn dann werden die Empfänger ihn schnell wieder abbestellen. Von einem Newsletter erwarten die Empfänger, dass er ihnen relevante Informationen liefert. Dadurch, dass er erkennbar von Ihnen kommt, macht er durch qualifizierte Informationen seriöse Werbung für Sie und Ihr Geschäft. Sie können sich dadurch einen Ruf als Experte auf Ihrem Gebiet aufbauen, der seine Kunden mit hilfreichen Informationen versorgt.

Redaktionelle Bearbeitung

Weiterhin ist zu beachten, dass der Newsletter redaktionell einwandfrei sein sollte. Er sollte inhaltlich genauso professionell gestaltet sein, wie eine Presseerklärung, ein Anzeigentext, ein Prospekt, etc.

Tausende von Firmen bieten im Internet Newsletter an – warum nicht auch Sie? Damit ist es möglich, präzises Marketing mit geringem Kostenaufwand und großer Reichweite zu betreiben. Newsletter eignen sich hervorragend zur Pflege langfristiger Kundenbeziehungen.

Spinnrad

> Ein gutes Beispiel für den erfolgreichen Einsatz von Newslettern ist Spinnrad. Spinnrad (www.spinnrad.de) ist eine umweltorientierte Drogerie-Kette mit Schwerpunkt auf Naturprodukten und Zutaten für die Eigenproduktion von Lebensmitteln, Kosmetik- und Pflegeprodukten. Bundesweit gibt es etwa 300 Partner-Geschäfte dieser Kette, die als Filialen oder Franchiseunternehmen betrieben werden. Spinnrad verkauft unter anderem Rezeptbücher für Nahrungsmittel und Kosmetik zur Fernsehsendung „Hobbythek" sowie die notwendigen Zutaten für die Do-it-yourself-Herstellung.
>
> Der Internet-Newsletter, der gleich auf der Startseite der Web-Site abonniert werden kann, erscheint monatlich und enthält die aktuellen Sendetermine für die nächsten Hobbythek-Sendungen, zusätzliche Rezepte, Hinweise auf die Online-Shopping-Möglichkeiten auf der Web-Site sowie Links zu Gewinnspielen und Kundenbefragungen mit Verlosung, die ebenfalls auf der Web-Site durchgeführt werden.

> Dieser Newsletter enthält das ganze Portfolio des Relationship-Marketing:
>
> ⇨ Hinweise auf Sendetermine: einerseits ein zuvorkommender Service, andererseits wird ein Teil der Zuschauer nach Ende der Sendung Zutaten bei Spinnrad kaufen
>
> ⇨ Zusätzliche Rezepte: bedürfen auch wieder neuer Zutaten sowie
>
> ⇨ Gewinnspiele und Befragungsaktionen: liefern wertvolle Erkenntnisse über die Vorlieben und demografische Struktur der Kunden.

Exkurs

Exkurs: E-Mail als Kommunikationsinstrument des Online-Marketing

Während in den obigen Abschnitten davon ausgegangen wurde, dass der Kunde die erste E-Mail geschrieben hat, auf die Sie als Verkäufer antworten, bietet sich auch der umgekehrte Weg an. Sie können E-Mails nutzen, um Botschaften an Ihre bestehende oder potenzielle Kundschaft zu senden. Diese können Informationen über neue Produkte, neue Verwendungsmöglichkeiten der Produkte, Inhalte von Kundenzeitschriften, etc. enthalten.

SPAM

Der Versand von unaufgefordert gesendeten Werbemails („Spam") ist – wie oftmals fälschlich angenommen – nicht illegal, weder in Deutschland noch in den USA. Hierzulande hat der Empfänger allerdings einen Anspruch auf Unterlassung, was grundsätzlich etwas anderes ist. D.h. der Empfänger kann dem Absender eine (kostenpflichtige) Abmahnung oder direkt eine einstweilige Verfügung zukommen lassen. Das kann teuer werden und deshalb sollten Sie von dieser Art der Werbung absehen. Es ist auch nicht förderlich für Ihr Image. Die einzige Methode, die akzeptiert wird, sind sog. Opt-In Lists, d. h. Verteiler, in die sich die Empfänger explizit eingetragen haben (wie bei Newslettern).

Weiterhin spricht auch die Netiquette gegen diese Praktik des unaufgeforderte E-Mail-Versandes. Der Verstoß gegen die „guten Sitten" des Internets werden meist rigoros geahndet:

Canter & Siegel

> Im April 1994 und erneut im Juni 1994, sandte die auf Immigrationsverfahren spezialisierte US-Anwaltskanzlei Canter & Siegel mehrere 100.000 E-Mails an Internet-Teilnehmer. Sie

> boten darin eine Lotterie für die heißbegehrte Green Card, die US-Arbeitserlaubnis, an. Das Versenden unerwünschter E-Mails wurde von der Internet-Gemeinde allerdings nicht gern gesehen, so dass man sich kurzerhand darauf einigte, die E-Mails wieder zurück an die Kanzlei zu schicken. Dies hatte den Effekt, dass innerhalb kürzester Zeit Tausende von E-Mails den Server der Kanzlei zum Erliegen brachten und deren Provider den Vertrag kündigte. Allerdings behaupten Canter & Siegel, dass diese Aktion ihnen Einnahmen in Höhe von US-$ 100.000 beschert hätte.

Pull-Strategie

Deshalb kann Online-Marketing per E-Mail nur eine Pull-Strategie sein. Der Kunde muss die E-Mails anfordern. Das läuft folgendermaßen ab: dem Kunden werden auf Ihrer Internet-Seite auf ihn zugeschnittene Informations-Mails angeboten. Er kann entscheiden, wie oft und in welchem Umfang die E-Mails bei ihm eintreffen sollen und welche Themen-Schwerpunkte sie enthalten sollen.

Wichtig bei regelmäßigen Informationsmailings ist, dass der Kunde genauso einfach auch die Möglichkeit hat, die Informations-Mails wieder abzubestellen.

Wirtschafts-woche

> Die donnerstags erscheinende Fachzeitschrift *Wirtschaftswoche* bietet im Internet den *Wirtschaftswoche Newsletter* an. Sie können unter http://www.wiwo.de Ihren Namen und E-Mail-Adresse hinterlassen und damit zum Ausdruck bringen, dass Sie an dem *Newsletter*, der per E-Mails versendet wird, interessiert sind. In dem *Newsletter*, der mittwochs nachmittags verschickt wird, stehen die Top-Nachrichten und -Stories der am folgenden Tag erscheinenden Print-Version der Wirtschaftswoche mit Links auf die Stories zu den Wiwo-Seiten im Internet. Der Empfänger der E-Mail erhält interessante und aktuelle Nachrichten aus der Wirtschaft und kann sich detailliertere Informationen im Internet abrufen. Evtl. wird sogar sein Interesse am Kauf der Print-Version geweckt.
>
> Beispiel des *Wirtschaftswoche Newsletters* (Fußzeile)
>
> --
>
> **Sie erhalten diesen Newsletter mindestens einmal wöchentlich am Mittwochnachmittag.**

Hinweis auf die Erscheinungshäufigkeit

kurze Beschrei-
bung, wie mit dem
Newsletter umzuge-
hen ist

Kontakt- und
Kommunika-
tionskanäle

Namentlich
genannter An-
sprechpartner

> Sie können diesen Newsletter jederzeit abbestellen.
> Melden Sie sich bitte auf der Seite http://www.wiwo.de/newsletter ab.
>
> Klicken Sie auf die Links unterhalb der Meldungen, um direkt zu den Web-
> seiten der Wirtschaftswoche zu gelangen.
> Sollte Ihr E-Mail-Programm den Link nicht darstellen, kopieren Sie bitte die
> entsprechende Zeile und tragen Sie diese in die Adresszeile Ihres Internet-
> Browsers ein.
>
> Haben Sie Fragen oder Anregungen zu diesem Newsletter, wenden Sie sich
> bitte an
>
> Verlagsgruppe Handelsblatt GmbH
> Redaktion Wirtschaftswoche
> Kasernenstrasse 67
> 40213 Düsseldorf
> E-Mail: wiwo-online@vhb.de
> Tel. 0211-887-2125
>
> Verantwortlich für den Inhalt des Newsletters:
> Steffen Range

Aus der oben abgebildeten Fußzeile des *Wirtschaftswoche-Newsletters* kann man gut entnehmen, worauf es bei erfolgreichen Newslettern neben interessanten Informationen ankommt. Die Stilelemente dazu sind am Rand vermerkt.

6.5   „Mund-zu-Mund"

Zufriedene
Kunden

Ein nicht zu unterschätzendes Werbemedium – gerade im Internet – sind zufriedene Kunden. Es muss Ihnen wahrscheinlich nicht gesagt werden, dass Sie Ihre Kunden „wie Könige" bedienen sollten. Aber noch können Sie sich gerade in Deutschland, das bereits mehrfach als Dienstleistungswüste tituliert worden ist, durch guten Kundendienst, oder besser: Dienst am Kunden, hervortun. Dazu gehört nicht viel mehr als Freundlichkeit, prompte Reaktion auf Kundenanfragen und natürlich die hohe Qualität Ihrer Produkte und Dienstleistungen.

6.6   Klassisches Marketing

Die bisher genannten Möglichkeiten des Marketings zielten stark auf das Internet ab – es hat ganz neue Marketingformen geschaffen, die es vorher nicht gab.

Nicht zu vernachlässigen ist aber nach wie vor das klassische Marketing. Dabei meint Marketing mehr als Werbung – Marketing ist das Führen des Unternehmens unter Kunden- und Marktaspekten. Es ist das planmäßige Suchen und Erkennen von nutzbaren Marktchancen und Fokussierung des gesamten Unternehmens auf den Kunden. In Kapitel 4.6.7 wurden deshalb schon die „4P" des Marketing erörtert: Product, Place, Promotion und Price.

An dieser Stelle wollen wir nun den Punkt Promotion, also klassische Werbung und Kommunikation, näher betrachten und erörtern, welche Kommunikationsmöglichkeiten Sie haben. Es geht dabei um den effizienten Einsatz von Werbemaßnahmen. Werbung ist eine der wesentlichen Aufgaben, die Sie im Rahmen Ihrer Bekanntheitssteigerung anzugehen haben. Und das kostet üblicherweise Geld. Folglich sollten Sie versuchen, mit möglichst wenig Mitteleinsatz die größtmögliche Wirkung zu erzielen. Dabei hilft es, wenn die Werbemaßnahmen originell, witzig oder pfiffig sind, so dass sie Ihrem Kunden positiv auffallen.

> Bedenken Sie auch, was Henry Ford dazu sagte: „Wer aufhört zu werben, um Geld zu sparen, kann genauso gut die Uhr anhalten, um Zeit zu sparen."

Zu den wichtigsten Marketingmaßnahmen gehören bei einer Existenzgründung:

➢ Haben Sie genügend Budget, so kann Ihnen eine Werbe- oder Kommunikationsagentur bei Ihren Marketingaktivitäten helfen.

➢ Corporate Design: Legen Sie ein äußeres Erscheinungsbild fest, damit man Sie wieder erkennen kann. Dazu gehört das Firmenlogo, Farb- und Schriftgestaltung, die sich durch alle Drucksachen (Briefe, Broschüren, Visitenkarten, etc.) durchzieht, der Internet-Auftritt, etc.

> Werbeplanung: Planen Sie den Einsatz Ihres Budgets. Wann wollen Sie mit welcher Werbeform welche Botschaft am Markt platzieren?

> Werbebotschaft: Formulieren Sie die Kernaussage, die Sie kommunizieren möchten, in einem plakativen Satz. In dieser Kernbotschaft müssen Sie auch den wesentlichen Kundennutzen, den Ihr Produkt oder Ihre Dienstleistung hat, kurz und prägnant erläutern.

Danach sollten Sie festlegen, mit welchen Mitteln Sie werben möchten. Dazu gehören z.B.:

> Tageszeitungen: breite Leserschaft, aber auch viel Streuverluste, da möglicherweise der Großteil der Leser nicht zu Ihrer Zielgruppe gehört.

> Verkehrsmittelwerbung: Werbung auf Bussen, Bahnen, Taxis, etc. Eignet sich hervorragend, wenn sie originell ist und Sie eine große Zielkundengruppe haben. Mit der Beschriftung Ihres eigenen Fahrzeugs zeigen Sie aber Ihren Kunden, dass Sie überall auf die Firma aufmerksam machen wollen und „dafür leben".

> Radio- / Kinowerbung: eignet sich gut, um lokal den Bekanntheitsgrad zu steigern.

> Werbebriefe: Briefe, die Sie an Ihre Zielkunden adressieren und in denen Sie auf Ihr Produkt aufmerksam machen. Diese Briefe müssen natürlich professionell geschrieben und gestaltet sein, damit sie auch gelesen werden. Darüber hinaus müssen Sie entweder die Adressen Ihrer Zielkunden bereits besitzen oder diese kaufen.

> Broschüren: dienen dazu, einem interessierten Kunden Ihr Produkt näher zu bringen, nicht um erstmalig die Aufmerksamkeit zu erreichen. Mit Prospekten können Sie auch Streuverluste minimieren.

> Telefonmarketing: ist das erfolgreichste und effizienteste Werbemedium. Sie rufen direkt bei Ihren potentiellen Kunden an und haben im persönlichen Gespräch die Möglichkeit, auf Ihr Produkt aufmerksam zu machen. Dazu ist natürlich eine gründliche Vorbereitung sowie die Beschaffung der Telefonnummern von Nöten. Hinweis: Privatkunden dürfen Sie nur anrufen, wenn bereits eine Geschäftsbeziehung besteht oder die Kunden ausdrücklich ihr Einverständnis gegeben haben.

> Werbegeschenke (mit Ihrem Logo darauf): Sie sind eine nette Art, sich bei Ihren Geschäftspartnern in Erinnerung zu behalten. Nicht umsonst heißt es: „Kleine Geschenke erhalten die Freundschaft". Der Erfolg hängt aber von der Originalität des Geschenkes ab, nicht vom Preis.

> Öffentlichkeitsarbeit/PR: „Tue Gutes und rede darüber". PR ist eine kostengünstige Möglichkeit, sich ins Gespräch zu bringen. Dabei geht es darum, in der öffentlichen Berichterstattung berücksichtigt zu werden. Neben dem Verfassen von Pressemitteilungen dient auch ein guter Draht zur Zeitungsredaktion dazu. Hier ist besonders viel Fingerspitzengefühl gefragt, da es im Ermessen der Redaktion liegt, wie sie über Sie berichtet – positiv oder negativ. Auch das Verfassen von Pressemitteilungen ist eine Kunst, die Sie – bei vorhandenem Budget – lieber den Profis überlassen sollten.

Vertrieb – so kommt Ihr Produkt zum Kunden

Ein Vorteil des Internets gegenüber einem traditionellen Geschäft ist neben dem Marketing der Vertrieb. Über die Ausführungen aus Kapitel 4.6.7 hinausgehend, die sich sehr konkret mit Ihrem Business Plan befasst haben, sollen hier einige allgemeinere Aspekte betrachtet werden.[32] Auch wenn die folgenden Erläuterungen auch für Dienstleistungen gelten, so werden sie der leichteren Anschauung wegen oftmals am Beispiel von physischen Produkten erläutert.

Akquisitorische und physische Distribution

Die Vertriebspolitik Ihres Unternehmens umfasst alle Entscheidungen, die im Zusammenhang mit dem Weg des Produkts oder der Dienstleistung von Ihnen zum Kunden getroffen werden müssen. Es ergeben sich drei Entscheidungstatbestände für die Distributionspolitik, die sich in die akquisitorische und physische Distribution einteilen lassen und in der folgenden Abbildung dargestellt werden.

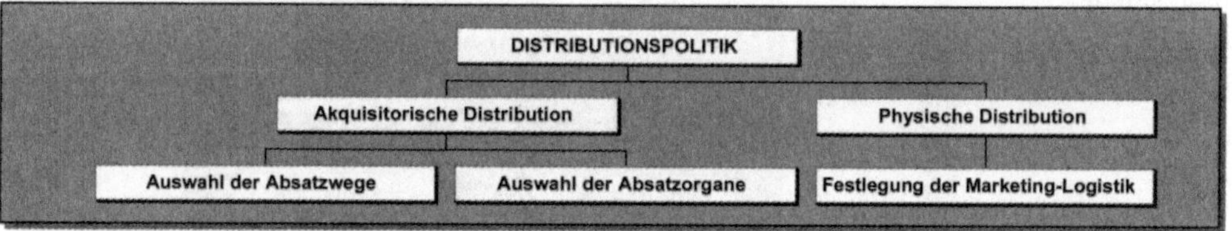

Abbildung 27: Distributionspolitik

Unter akquisitorischer Distribution wird demzufolge die Auswahl der Absatzkanäle verstanden, die physische Distribution befasst sich mit dem dazugehörigen logistischen System.

---

[32] Ausführliche Erläuterungen zu diesem Themenkomplex finden Sie in dem Buch „Unternehmenserfolg im Internet" von Frank Lampe, erschienen im selben Verlag wie dieses Buch. Viele der Ausführungen in diesem Kapitel beruhen auf dem genannten Buch.

Im Folgenden soll erläutert werden, welchen Einfluss das Internet auf die akquisitorische und physische Distribution nimmt und wie Sie als Online-Händler darauf reagieren können.

7.1   Akquisitorische Distribution

Direkt-Marketing

Da es sich bei dem Internet-Marketing um eine Form des Direkt-Marketing handelt, kann die Auswahl der Absatzorgane im Zusammenhang mit dem Internet vernachlässigt werden. Eine große Relevanz hingegen hat das Internet als Absatzweg bzw. -kanal.

Diese Absatzkanäle bzw. Absatzwege umfassen die rechtlichen, ökonomischen und kommunikativ-sozialen Beziehungen aller am Distributionsprozess beteiligten Personen bzw. Institutionen. Sie lassen sich anhand der Zahl ihrer Stufen differenzieren. Die am häufigsten vorkommenden Absatzkanäle sind in Abbildung 28 schematisch dargestellt.

Abbildung 28: Absatzkänale

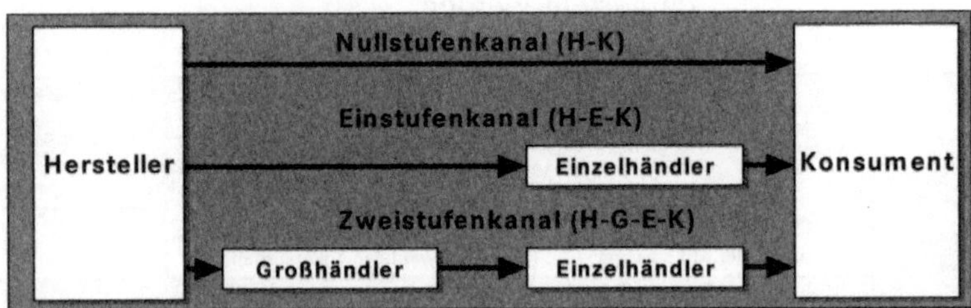

Nullstufenkanal

Da ein wesentlicher Vorteil der Distribution im Internet in der Verkürzung der Absatzwege liegt, versuchen sehr viele Hersteller (H), den Groß- und Einzelhandel (G/H) auszuschalten bzw. zu umgehen und ihre Produkte direkt – also über den Nullstufenkanal – an die Kunden (K) zu verkaufen. Aufgrund dessen wird dieser Kanal am stärksten durch das Internet beeinflusst. Diesen Weg gehen Sie auch, wenn Sie selbst Produkte herstellen und sie über das Internet vertreiben.

> Auch andere Branchen bzw. Unternehmen wie Hotels, deren Zimmer online ohne zwischengeschaltete Reisebüros reserviert werden können, oder Theater bzw. Konzertveranstalter, die ihre Eintrittskarten direkt über das Internet vertreiben, verkaufen ihre Waren und Dienstleistungen direkt und ohne Zwischenhandel über das Internet.

Um dem Trend des direkten Absatzes der Hersteller über das Internet zu begegnen, ergeben sich für den Handel und damit für den indirekten Absatz über den Ein- bzw. Zweistufenkanal generell zwei Möglichkeiten. Das betrifft Sie, wenn Sie keine Produkte selbst herstellen, sondern direkt vom Fabrikanten beziehen und weiter vertreiben. Der Hersteller kann entweder selbst virtuelle Filialen eröffnen oder Internet-Zwischenhändler (wie Sie) mit dem Vertrieb der Produkte beauftragen. Beispielhaft sollen hier die virtuellen Filialen der Kaufhäuser Karstadt (www.my-world.de) und Kaufhof (www.kaufhof.de) genannt werden.

Versandhandel

Darüber hinaus stellt der Versandhandel eine besondere Absatzform dar, da diese Form der Distribution für den Internet-Handel geradezu prädestiniert ist. So verfügt der Versandhandel bereits über die notwendige Versandlogistik und es macht keinen Unterschied, ob die Waren telefonisch oder per Internet bestellt werden. Für die Versandhäuser, die mittlerweile nahezu alle im Internet präsent sind, bietet der Internet-Handel deshalb nicht nur neue Vertriebswege, um weitere Zielgruppen zu erreichen, sondern auch eine kostengünstigere Vertriebsform. Diese Einsparungen entstehen vor allem bei dem Katalogdruck, da der virtuelle Katalog im Internet kontinuierlich ohne Neudruck aktualisiert werden kann, und die Kosten auflagenunabhängig entstehen. Der Versandhändler Otto (www.otto.de) ist der größte und erfolgreichste Online-Shop Deutschlands.

Malls

Weiterhin lassen sich alle bisher erörterten Handelsformen darin unterscheiden, ob sie sich allein im Netz präsentieren, oder ob sie sich in einer Gruppe in einer sog. Electronic-Mall präsentieren. Eine Electronic-Mall ist ein virtuelles Shopping- und Dienstleistungszentrum, in dem mehrere elektronische Internet-Stores unter einer Internet-Adresse integriert werden, wobei sich nicht zwangsläufig alle Geschäfte einer Electronic-Mall auf einem zentralen Computer befinden müssen. Es handelt sich insofern nur um ein Einkaufsverzeichnis, das Links zu den einzelnen Geschäften enthält. So ist es auch möglich, mit Ihrem Geschäft in mehreren Malls gleichzeitig präsent zu sein. Für diese Präsenz und die Werbung für die Mall müssen die Geschäfte jedoch an den Betreiber der Mall eine „Miete" zahlen. Das Prinzip der Mall ist umstritten, da es im Internet im Gegensatz zu der realen Einkaufswelt keine Prestigestandorte gibt, die eine bestimmte Kundenanzahl garantieren. Trotzdem bietet eine Electronic-Mall gerade für die kleinen Geschäfte, deren Name bzw. Marke nicht groß genug ist, um Kunden anzuziehen, einige Vorteile. Auf diese Weise geht das Angebot eines einzelnen Geschäfts im globalen Überangebot nicht unter, und die Geschäfte werden in ein Netzwerk mit regem Besucherverkehr eingebunden, sofern es sich um eine beliebte und bekannte Electronic-Mall handelt. Vorteile für den Kunden ergeben sich in Malls dadurch, dass er z.B. über alle Geschäfte dieser Mall hinweg nach bestimmten Produkten suchen kann.

Ein Beispiel für eine Mall ist die T-Online-Mall unter <u>www.shopping.t-online.de</u>.

Abbildung 29:
T-Online-Mall

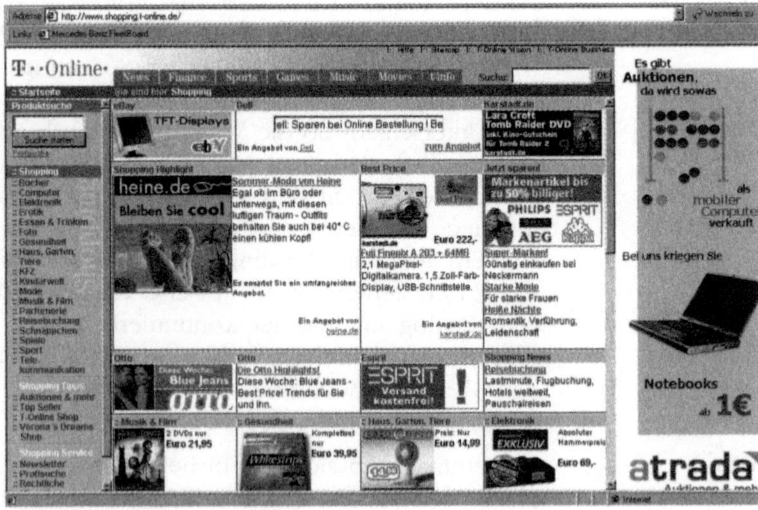

Vorteile durch eine Internet-Distribution

Allen Distributionsformen gemein sind jedoch die Vorteile, die durch eine Distribution über das Internet entstehen. Für die Verbraucher sind dies vor allem die 24-stündige Verfügbarkeit bzw. die Unabhängigkeit von Ladenöffnungszeiten und die hohe Bequemlichkeit durch den einfachen Einkauf am Computer zu

Hause. Außerdem erhalten die Verbraucher durch das globale Internet eine bessere Markttransparenz und teilweise ergibt sich für sie eine Kostenersparnis. Für Sie als Anbieter entstehen vor allem Kostenvorteile, die sich bei einem direkten Absatz durch die Vermeidung von zusätzlichen Absatzorganen bzw. Stufen in den Absatzkanälen ergeben. Darüber hinaus können Sie Ihre Produkte und Dienstleistungen 24 Stunden anbieten und durch die globale Präsenz im Internet neue Zielgruppen erschließen.

Problematik

Diesen Vorteilen stehen jedoch einige Nachteile bzw. Probleme entgegen, die ein Wachstum der Distribution über das Internet bzw. des Online-Shopping gerade in Deutschland noch behindern. So besteht noch bei vielen Menschen eine Schwellenangst vor Computersystemen und zudem eine gewisse Benutzerunfreundlichkeit dieser Systeme. Diese Sachverhalte dürften sich aber in einigen Jahren relativieren, wenn nachfolgende Generationen als Käufergruppen auftreten, für die audiovisuelle Medienbenutzung eine Selbstverständlichkeit ist, und wenn Fernseher und Computer im interaktiven Fernsehen miteinander verschmolzen sind.

7.2   Physische Distribution

Aufgabe der physischen Distribution oder Marketinglogistik ist die Überbrückung von Raum und Zeit durch Transport und Lagerung von Waren, um das richtige Produkt in der richtigen Menge am richtigen Ort zur richtigen Zeit im richtigen Zustand zu liefern. Im Bereich der Distributionspolitik im Internet unterscheidet man zwischen digitalisierbaren und nicht-digitalisierbaren Waren und Dienstleistungen, wie in der folgenden Abbildung dargestellt.

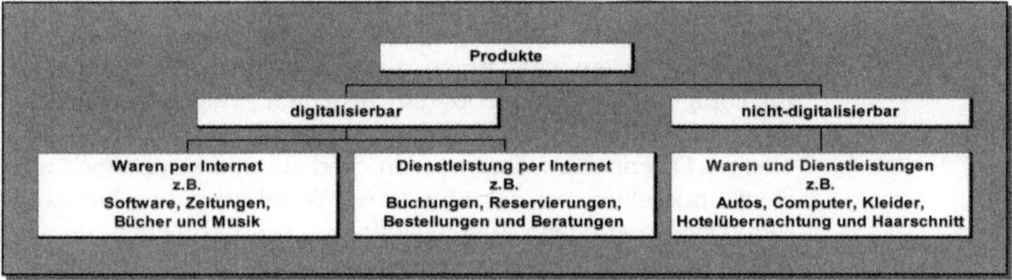

Abbildung 30: Digitalisierbare und nicht-digitalisierbare Produkte

Die Transportfunktion des Internets lässt sich jedoch nur für die digitalisierbaren Produkte – sog. Informationsprodukte – anwenden, da Materie nicht durch das elektronische Netz transferiert werden kann. Besonders Software-Hersteller nutzen diese Distributionsform für ihre Produkte, da sie sowohl für die Hersteller als auch für die Käufer Vorteile bringt. So müssen die Software-Hersteller ihr Produkt nur ein einziges Mal auf einen Datenträger überspielen und sparen dadurch die Vervielfältigungs- und Vertriebskosten. Die Käufer hingegen haben die Möglichkeit, die Produkte wesentlich schneller und, sofern die Verkäufer die Kostenersparnis weitergeben, auch günstiger zu beziehen.

Beispiele

Neben der Software sind es vor allem Zeitungen bzw. Zeitschriften und Dienstleistungen, insbesondere Finanzdienstleistungen, die über das Internet vertrieben werden. So sind mittlerweile alle renommierten Zeitungen bzw. Zeitschriften und auch Banken im Internet vertreten. Die Direkt-Banken wie z.B. die Direkt Anlage Bank (www.diraba.com) verzichten sogar komplett auf Filialen und wickeln ihre Geschäfte und damit auch die Distribution ihrer Dienstleistungen nur noch über elektronische Kommunikationsmedien wie Telefon, Telefax und vor allem Internet ab.

Darüber hinaus gibt es bei Musik und Büchern zahlreiche Anbieter – von Amazon bis Napster -, die das Internet als Transportmedium benutzen. Dabei kann der Kunde über das Internet in einer Datenbank nach seinen Lieblingstiteln bzw. CDs suchen und sich diese per Internet übertragen lassen.

Auftretende Problemfelder

Im Zusammenhang mit dieser scheinbar optimalen Distributionsmöglichkeit sei jedoch auch auf die verschiedenen Probleme hingewiesen. So treten nicht selten Fehler bei der Übertragung der digitalisierten Produkte auf, welche auf die Qualität der Datennetze oder auf die Hardware bei den Übertragungseinheiten zurückgeführt werden können. Außerdem benötigen große Datenumfänge, wie sie bei Softwarepaketen oder hochauflösenden Bilddokumenten auftreten, erhebliche Übertragungszeiten, die neben dem Zeitaufwand einen zusätzlichen finanziellen Aufwand in Form von Telefongebühren bedeuten. Auch wenn diese Probleme in der Zukunft durch schnellere und übertragungssicherere Datennetze gelöst werden, sind sie momentan noch existent und sollten bei der physischen Distribution beachtet werden. Und – mit einem Augenzwinkern – sei hinzugefügt, dass es eine Zeitung aus Papier geben wird, solange man die Fliegen am Frühstückstisch nicht mit dem Laptop erschlagen kann.

Nicht- digitalisierbare Produkte	Die nicht-digitalisierbaren Produkte jedoch müssen weiterhin über die traditionellen Distributionskanäle vertrieben werden. Aufgrund dessen ist es für ein Unternehmen, das nicht-digitalisierbare Produkte über das Internet verkaufen möchte, unbedingt notwendig, eine schnelle und zuverlässige Versandlogistik aufzubauen bzw. zu besitzen. Der schnelle und bequeme Weg des Online-Shopping verliert für den Kunden stark an Attraktivität, wenn er in Sekunden seine Bestellung aufgeben kann, dann aber mehrere Wochen auf die Zustellung des Produkts warten muss.
Kooperation mit Lieferan- ten	Alternativ dazu können Sie eventuell noch mit Ihrem Lieferanten kooperieren. Sie können ihm vorschlagen, dass Sie die Aufträge der Kunden entgegennehmen, ihn benachrichtigen und er die Produkte direkt an Ihre Kunden sendet. Diese Vorgehensweise ist sinnvoll, wenn der Lieferant bereits eine Versandlogistik aufgebaut hat. Sie werden möglicherweise für diesen Service bezahlen müssen, doch in den meisten Fällen ist das sinnvoller und günstiger, als eine eigene Logistik aufzubauen.

Nach der Gründung – die Existenzsicherung

Mitarbeiter

Nachdem Sie Ihr Unternehmen gegründet und aufgebaut haben, wächst und gedeiht es nun – hoffentlich – prächtig. Um es aber weiter wachsen zulassen, brauchen Sie qualifizierte Mitarbeiter. Diese finden Sie in den vielfältigen Jobbörsen, wie z.B. www.jobpilot.de, www.monster.de oder – speziell für den IT-Bereich – www.stepstone.de/it.

Schwachstellen

Schaut man sich die Ursachen an, die in vielen Fällen zu den Insolvenzgründen von jungen Unternehmen zählen, so findet man hauptsächlich folgende Gründe:

1. Managementfehler

    Als Gründer ist der (Einzel-)Unternehmer Erfolgsgarant des Start-ups. Viele Gründer sehen vor lauter operativem Tagesgeschäft jedoch sich anbahnende Krisen nicht oder zu spät. Hier hilft es, Mitarbeitern mehr Verantwortung zu übertragen, was vielen Gründern schwer fällt.

2. Vernachlässigung des Rechnungswesen

    Viele Gründer von Technologiefirmen haben bei kaufmännischen Fragestellungen Defizite. Das müssen Sie mit Hilfe ausgewählter Mitarbeiter ausgleichen können – und diesen dann aber auch Vertrauen schenken. Das Rechnungswesen und Controlling darf nicht stiefmütterlich behandelt werden – es ist ein guter Indikator für sich anbahnende Krisen.

3. Zu geringes Eigenkapital

    Für die eigentliche Gründung wurde das erforderliche Kapital aufgebracht, aber für den laufenden Betrieb reicht es dann oftmals nicht mehr. Dieses kann an zu hohen Privatentnahmen des Gründers, unterplanmäßiger Entwicklung des Unternehmens oder zu hohen Fixkosten liegen. Im Endeffekt muss die Liquidität gemanagt werden und geeignete Maßnahmen (wie Umsatzerhöhung, Kostenreduktion oder Kapitalzuführung von außen) rechtzeitig eingeleitet werden.

4.   Zu schnelles Wachstum

Auch zu schnelles Wachstum kann überraschenderweise zu einer finanziellen und damit existenzbedrohenden Krise des Unternehmens werden. Zahlen zu viele Kunden ihre Rechnungen verspätet, entsteht dem Unternehmen eine Deckungslücke: Es ist nicht genug Geld da, um eigene Rechnungen, Gehälter und Zinsen zu begleichen. Bedauerlicherweise ist die Zahlungsmoral von vielen Kunden nicht besonders gut – erst nach etlichen Mahnungen wird bezahlt. Hier hilft ein effizientes Mahnwesen, um die ausstehenden Forderungen so gering wie möglich zu halten und jederzeit einen Überblick darüber zu behalten.

Zum anderen erfordert Wachstum auch Investition: Investition in neue Maschinen, Marketing, Menschen und Material. Mit den Investitionen müssen Sie in Vorleistung gehen, bevor Sie damit Umsatz erwirtschaften können.

Es ist folglich immens wichtig, sich permanent vor Augen zu führen, welche Gefahren für Ihr Unternehmen bestehen. Aber das allein genügt nicht zur Existenzsicherung.

Delegation   ➢ Sie werden sich bei wachsendem Geschäft immer mehr auf eine administrative und strategische Rolle zurückziehen müssen. Es wird für Sie ungewohnt sein, nicht mehr an vorderster Front beim Kunden Akquise zu betreiben, sondern die Arbeit delegieren zu müssen.

Organisation   ➢ Auch müssen Sie bei steigendem Geschäftsvolumen Ihr Unternehmen organisieren. Dazu gehört nicht nur eine Aufbauorganisation – Hierarchie – sondern auch eine Ablauforganisation – Prozesse. Diese dienen bei größerer Arbeitsteilung der Mitarbeiter dazu, ihnen Regelungen an die Hand zu geben, wie sie ihre Arbeit zu erledigen haben. In einem kleineren, überschaubaren Betrieb können Sie selbst noch alles überwachen und jeder der wenigen Mitarbeiter weiß genau, was der jeweils andere macht. In einer größeren Organisation ist das nicht mehr der Fall.

Controlling   ➢ Zudem müssen Sie Controlling- und Steuerungsinstrumente einführen, damit Sie jederzeit über die wirtschaftliche Situation des Unternehmens Bescheid wissen. Geht es finanziell bergab, merken Sie es ohne entsprechendes Controlling oftmals zu spät. Sie können dann nicht mehr rechtzeitig eingreifen, bevor es zu spät ist.

9 Epilog

Sie haben in diesem Buch die wesentlichen betriebswirtschaftlichen und internet-spezifischen Kenntnisse, die für eine erfolgreiche Existenzgründung im IT-Bereich notwendig sind, erlangt. Sie sollten jedoch bedenken, dass jede Gründung und jedes Unternehmen unterschiedliche Voraussetzungen und Besonderheiten hat, die im Einzelfall zu beachten sind.

Mit dem Wissen aus diesem Buch haben Sie in jedem Fall eine sehr gute Grundlage, auf der Sie Ihre Gründung aufbauen können. Bei einem Buch über die IT-Branche liegt es nahe, das Medium Internet ergänzend zu verwenden. So finden Sie unter www.ludewig.com zusammenfassende und weiterführende Informationen zu diesem Thema. Dazu gehören neben Links, Adressen und Literaturhinweisen auch Programme und Dateien, die Sie benötigen könnten.

Ich wünsche Ihnen jetzt viel Erfolg bei Ihrer Existenzgründung und dem Aufbau Ihrer Selbstständigkeit. Sollten Sie weitere Fragen haben, so beantworte ich Ihnen diese gerne, wenn Sie mir eine E-Mail an die Adresse christoph@ludewig.com schicken. Ebenso würde ich mich sehr über konstruktive Kritik oder Hinweise zu diesem Buch unter dieser Adresse freuen. Und wenn die Informationen in diesem Buch für Ihre erfolgreiche Existenzgründung hilfreich waren, so freue ich mich natürlich auch über einen kurzen Bericht.

Viel Erfolg!

Nützliche Links

Diese und viele weitere Links finden Sie auch unter www.ludewig.com.

Linksammlungen für Existenzgründer

www.gruenderlinx.de

www.informatik.hu-berlin.de/~rok/entrepreneurship/links

E-Commerce

www.eco.de – Electronic Commerce Forum e.V.

www.ecin.de – Know-how für E-Business

www.competence-site.de – Plattform für Business-Know-How, insb. E-Commerce

Internet-Statistiken

www.cyberatlas.com – Internet-Trends und Statistiken

www.ems.guj.de/marktforschung –Gruner & Jahr

www.gfk.de – Gesellschaft f. Konsumforschung

www.mediendaten.de – Mediendaten Südwest

www.nua.ie/surveys – Internet Surveys

www.survey.net – Umfragen zu einer Vielzahl von Themen

www.w3b.de – Fittkau + Maaß Internet-Untersuchungen

Branchenberichte und Marktforschung

www.bmwi.de – Wirtschaftsministerium, mit vielen Infos für Existenzgründer

www.branchendino.de – gelbe Seiten mit zahlreichen Firmenadressen bundesweit

www.dbresearch.de – Branchenanalysen der Deutschen Bank

www.idc.de – Beratungsinstitut, spezialisiert auf Internet, E-Commerce und neue Technologien

www.statistik-bund.de – Statistisches Bundesamt

Kammern, Ministerien, Verbände

www.aachen.ihk.de – Unter Existenzgründung Informationen zur GmbH-Gründung, Existenzgründung von Ausländern, Import/Export oder Räumungsverkäufen (Download Merkblätter)

www.asu.de – Arbeitsgemeinschaft Selbstständiger Unternehmer e.V.

www.bdu.de – Datenbank des Bundesverbands der Unternehmensberater

www.bju.de – Bund junger Unternehmer

www.bmwi.de/Navigation/existenzgruender.html – Bundeswirtschaftsministerium: Infos und Broschürendienst

www.bmwi-softwarepaket.de – Download und Infos zu dem umfangreichen Softwarepaket des BMWA (inkl. Tool zur Businessplanerstellung)

www.diht.de – Deutscher Industrie- und Handelstag

www.freie-berufe.de – Bundesverband der Freien Berufe (BfB)

www.hk24.de – Handelskammer Hamburg u.a. mit Informationen zur Unternehmensnachfolge, Gründungen in Branchen, für die eine Genehmigung erforderlich ist

www.meteko.de – Fachverband Medientechnologie, Kommunikation, Information und Bürowirtschaft Südwest e.V.

www.rkw.de – Rationalisierungs- und Innovationszentrum der deutschen Wirtschaft www.steuerberater-suchservice.de – Datenbank des Deutschen Steuerberaterverbands hilft bei der Suche nach einem geeigneten Berater

www.stuttgart.ihk.de – Fördermitteldatenbank der IHK, Existenzgründungs- und Kooperationsbörse, Veranstaltungshinweise und Broschüren

www.vbv.de – Vereinigung beratender Betriebs- und Volkswirte e.V.

www.verbaende.com – Adressen von 12.000 Verbänden und Kammern in Deutschland

www.zeig.de – Speziell für weibliche Entrepreneure: Frauenverbände und -vereine

Existenzgründung

www.existenzgruender-netzwerk.de – Partnerbörsen, Gründungsberatung, Starthilfe

www.exzet.de – Homepage des von der Breuninger Stiftung getragenen Gründerzentrums EXZET

www.gruendernews.de – Artikel über Gründungen und Gründungsinitiativen

www.gruenderstadt.de – Suchmaschine und Informationsplattform speziell für Existenzgründer

www.ifex.de – Informationen für Existenzgründungen und Unternehmensnachfolge des Landesgewerbeamtes Baden-Württemberg

Finanzierung

www.exchange.de/ekforum – „Deutsches Eigenkapitalforum" der Kreditanstalt für Wiederaufbau und der Deutschen Börse AG

www.gruenderzentrum.de – Virtuelles Existenzgründerzentrum der KFW Mittelstandsbank

www.kfw-mittelstandsbank.de – Übersicht der Förderprogramme

Venture Capital

www.adt-online.de – Das Netzwerk der Technologie- und Gründerzentren in Deutschland umfasst 200 Standorte für junge innovative Firmen und technologieorientierte Existenzgründer

www.business-angels.de – BAND e.V.

www.business-angel-venture.de – Tochter der Deutsche Bank AG

www.bvk-ev.de – Bundesverband Deutscher Kapitalbeteiligungsgesellschaften mit Venture Capital Leitfaden und Glossar

www.netventures.de – führt Unternehmer, Investoren und Berater zusammen

www.tbgbonn.de – im Überblick: Beteiligungsgesellschaften, mit denen die tbg mbH bereits arbeitet

www.unternehmensmarkt.de – Beteiligungsunternehmen, nach Postleitzahlen aufrufbar plus interessante Expertendienste

www.vdi.de – Beteiligungsgesellschaften unterstützen die gemeinnützigen Aktivitäten des VDI, der über zwei Technologiezentren den schnellen Transfer neuer Schlüsseltechnologien von der Wissenschaft in die betriebliche Praxis fördert

IT-Branche

www.bitkom.org – Bundesverband für Unternehmen der Informationswirtschaft

www.bvsi.de – Bundesverband Selbstständiger in der Informatik

www.dmmv.de – Interessenvertretung der deutschen Online- und Offline-Multimediabranche

www.gulp.de – Portal für IT-Professionals, IT-Projekt-Börse

Sonstiges

www.cesar.de – Links zu öffentlichen Einrichtungen und Unternehmensberatungen bundesweit

www.dpma.de – Deutsches Patent- und Markenamt

www.ugs.de — Michelsberginstitut für Unternehmensführung — Unternehmensgründungssimulation (Gründungssoftware und Unternehmensplanspiele)

www.internetidee.de — Einige Anregungen für die Geschäftsidee

www.gruenderlinx.de/gruendergeschichten.html — Erfolgsstorys

www.bplans.com — alles rund um den Business Plan

www.vorlagen.de — umfangreiche Sammlung von Musterverträgen, etc.

B   Weiterführende Literatur

Internet & E-Commerce

Bartl, Harald: Moderne Dienstleistungen und Recht, 1998

Bullinger, Hans-Jörg; Berres, Anita: E-Business-Handbuch für Entscheider, 2002

Burkhardt, Thomas; Lohmann, Karl: Banking und Electronic Commerce im Internet, 1998

Fuhrberg, Kai: Internet-Sicherheit, 2001

Gallenbacher, Jens: Web komplett, 2000

Gralla, Preston: So funktioniert das Internet, 2000

Köhler, Thomas; Best, Robert B.: Electronic Commerce, 2000

Krzeminski, Michael; Zerfaß, Ansgar: Interaktive Unternehmenskommunikation, 1999

Lampe, Frank: Unternehmenserfolg im Internet, 1998

Lehmann, Michael: Electronic Business in Europa, 2002

Ludewig, Christoph; Buschmann, Dirk; Herbrand, Nicolai: Silicon Valley, Made in Germany. Was Sie von erfolgreichen Unternehmen der New Economy lernen können, 2000

Scheer, August-Wilhelm: Electronic business engineering, 1999

Wegner, Jochen: Recherche online, 1998

Zerdick, Axel: Die Internet-Ökonomie, 2001

Existenzgründung

Arnold, Jürgen: Existenzgründung, 1999

Baier, Wolfgang: Marketing und Finanzierung junger Technologieunternehmen, 1996

Brüderl, Josef; Preisendörfer, Peter; Ziegler, Rolf: Der Erfolg neugegründeter Betriebe, 1998

Collrepp, Friedrich von: Handbuch Existenzgründung, 1999

Dennig, Jens: Versteigern und Ersteigern bei eBay, 2002

Frese, Michael: Erfolgreiche Unternehmensgründer, 1998

Hammesfahr, Erika; Bittner, Lothar: Praxishandbuch für den DV-Freiberufler, 1998

Hebig, Michael: Existenzgründungsberatung, 1999

Heins, Cornelia: Selbstständig ist die Frau, 2003

Klandt, Heinz: Gründungsmanagement, 2002

Klug, Sonja; Köhler, Dorothee: Internet für Existenzgründer, 2001

Kuczkowski, Marion von: Power Selling mit eBay, 2002

Lerg, Andreas: Erfolgreich als eBay Powerseller, 2002

Lippert, Werner: Praxis-Handbuch Existenzgründung, 1998

Ludewig, Christoph: Existenzgründung im Internet, 2000

Maikranz, Frank C.: Das Existenzgründungs-Kompendium, 2003

Opoczynski, Michael; Fausten, Willi: WISO Existenzgründung, 2002

Reeck, Klaus D.: Selbstständig für Anfänger. Gründung und Führung eines Kleinbetriebes, 2000

Sanft, Erhard: Leitfaden für Existenzgründer (VDI-Buch), 2003

Scheer, August-Wilhelm: Unternehmen gründen ist nicht schwer..., 2000

Wanzenböck, Herta: Überleben und Wachstum junger Unternehmen, 1998

Wupperfeld, Udo u. a.: Der Business-Plan für den erfolgreichen Start, 1999

Finanzierung

Behr, Giorgio: Wachstumsfinanzierung, 1999

Breuer, Wolfgang: Finanzierungstheorie, 1998

Fahrholz, Bernd: Neue Formen der Unternehmensfinanzierung, 1998

Franke, Günter; Laux, Helmut: Unternehmensführung und Kapitalmarkt, 1998

Gerke, Wolfgang; Bank, Matthias: Finanzierung, 1998

Gräfer, Horst; Beike, Rolf; Scheld, Guido: Finanzierung, 2001

Hastedt, Uwe-Peter; Mellwig, Winfried: Leasing, 1998

Kruschwitz, Lutz: Finanzierung und Investition, 2002

Leopold, Günter; Frommann, Holger: Eigenkapital für den Mittelstand, 1998

Schäfer, Henry: Unternehmensfinanzen, 2002

Wöhe, Günter; Bilstein, Jürgen: Grundzüge der Unternehmensfinanzierung, 2002

Venture Capital

Braun, Christian: Venture Capital für junge Technologieunternehmen, 2003

Ermisch, Ralf; Thoma, Patrick: Zehn Schritte zum Venture Capital, 2002

Kaufmann, Friedrich; Kokalj, Ljuba: Risikokapitalmärkte für mittelständische Unternehmen, 1996

Kollmann, Tobias: E-Venture-Management. Neue Perspektiven der Unternehmensgründung in der Net Economy, 2003

Leopold, Günter u.a.: Private Equity – Venture Capital, 2003

Pfirrmann, Oliver; Wupperfeld, Udo; Lerner, Joshua: Venture Capital and New Technology Based Firms, 1997

Förderprogramme

Ridinger, Rudolf; Uckel, Klaus Michael: Öffentliche Finanzierungshilfen. Wege durch den „Förderdschungel", 2001

Rödel, Stefan u.a.: Existenzgründung: Finanzierung und öffentliche Fördermittel, 2002

IT-Branche und Technologieunternehmen

Grupp, Bruno: Der professionelle IT-Berater, 2000

Hohla, Martin: Going Public von jungen Technologieunternehmen, 2001

Littig, Peter: Karriere in der IT-Branche, 2000

Möhrle, Martin G.; Isenmann, Ralf: Technologie-Roadmapping. Zukunftsstrategien für Technologieunternehmen, 2001

Pleschak, Franz: Management in Technologieunternehmen. Wie Führungskräfte erfolgsorientiert entscheiden, 2001

Scheer, August-Wilhelm; Köppen, Alexander: Consulting. Wissen für die Strategie-, Prozess- und IT-Beratung, 2001

Steinle, Claus; Schumann, Katja: Gründung von Technologieunternehmen, 2003

Winter, Uta; Lindemann, Gerhard: Berufsstart und Karriere in der IT-Branche, 2003

IT-Projektmanagement

Köhler, Thomas R.: Internet-Projektmanagement, 2002

Taglinger, Harald u.a.: Internetprojekte von Start bis Ende, 2002

Wittmann, Ralph: Professionelle Planung und Durchführung von Internet-Projekten, 2001

Programmierung & Gestaltung

Erlenkötter, Helmut: HTML. Von der Baustelle bis JavaScript, 2000

Grotenhoff, Maria; Stylianakis, Anna: Website-Konzeption – Von der Idee zum Storyboard, 2001

Niederst, Jennifer: HTML. Kurz und gut, 2002

Schenk, Imke: Websites planen und gestalten, 2001

Spona, Helma: Microsoft FrontPage 2002, 2001

Marketing im Internet

Berres, Anita: Marketing und Vertrieb mit dem Internet, 1997

Coric, Robert u.a.: Internetwerbung, die wirklich wirkt, 2002

Fantapie Altobelli, Claudia; Sander, Matthias: Internet-Branding, 2001

Hamm, Ingo: Internet-Werbung. Von der strategischen Konzeption zum erfolgreichen Auftritt, 2000

Handke, Jürgen: Multimedia im Internet, 2003

Warschburger, Volker; Jost, Christian: Nachhaltig erfolgreiches E-Marketing, 2001

Recht im Internet

Bange, Jörg u.a.: Recht im E-Business – Internetprojekte juristisch absichern, 2001

Berrisch, Georg u.a.: Rechtsfragen des Electronic Commerce, 2001

Burandt, Wolfgang: Unternehmensrecht. Praxisratgeber für Gründer, Selbständige und Mittelständler, 2000

Fuhrberg, Kai: Internet-Sicherheit, 2001

Hoeren, Thomas: Grundzüge des Internetrechts, 2002

Hoeren, Thomas u.a.: Online-Auktionen. Eine Einführung in die wichtigsten rechtlichen Aspekte, 2002

Ketterer, Karl-Heinz; Stroborn, Karsten: Handbuch ePayment, 2002

Koch, Frank A.: Internet-Recht, 1998

Teichmann, Rene: E-Commerce und E-Payment, 2001

Thalmaier, Christian R. u.a.: Musterverträge für Existenzgründer, 2001

Existenzsicherung

Arnold, Jürgen: Unternehmenssicherung, 1997

Gieschen, Gerhard: Wie junge Unternehmen Krisen bewältigen können, 2003

Manz, Nicole; Hering, Ekbert: Existenzgründung und Existenzsicherung, 2000

Schlagwortverzeichnis

V

Venture Capital 76, 91
Verdienst 31
Versandhandel 38, 175
Vertrieb 173
Vertriebskanäle 113, 114, 173
Volkswagen AG 1
Vorstand 63

W

Wachstum 182
Wachstumsstrategien 33

Wagniskapitalgeber 91
Web.de 160
Welch, Jack 8
Werbebudget 117
Werbegeschenke 172
Wettbewerb 113
Wettbewerbskräfte 109
Wettbewerbsvorteile 99, 100
Wirtschaftsprüfer 138
Wirtschaftswoche 168

Y

Yahoo! 3, 95, 154, 160